加热卷烟
烟支制备工艺与设备

主　编	潘永华	杨成波	张　凌	覃志宏	雷　斌
副主编	师坤荣	王　俊			
编　委	储传旭	邓　鑫	王清平	韩金江	林　国
	李　勇	李文春	马晨斯	张永寿	郑　茂
	洪　鎏	李志强	高金磊	姚　佳	龚　凯

西南交通大学出版社
·成　都·

图书在版编目（CIP）数据

加热卷烟烟支制备工艺与设备 / 潘永华等主编. -- 成都：西南交通大学出版社，2024.4
ISBN 978-7-5643-9798-2

Ⅰ. ①加… Ⅱ. ①潘… Ⅲ. ①加热 – 卷烟 – 生产工艺 Ⅳ. ①TS452

中国国家版本馆 CIP 数据核字（2024）第 078581 号

Jiare Juanyan Yanzhi Zhibei Gongyi yu Shebei
加热卷烟烟支制备工艺与设备

主编　潘永华　杨成波　张　凌　覃志宏　雷　斌

责任编辑	何明飞
封面设计	何东琳设计工作室
出版发行	西南交通大学出版社 （四川省成都市金牛区二环路北一段 111 号 西南交通大学创新大厦 21 楼）
营销部电话	028-87600564　028-87600533
邮政编码	610031
网　　址	http://www.xnjdcbs.com
印　　刷	成都勤德印务有限公司
成品尺寸	185 mm × 260 mm
印　　张	8.5
字　　数	158 千
版　　次	2024 年 4 月第 1 版
印　　次	2024 年 4 月第 1 次
书　　号	ISBN 978-7-5643-9798-2
定　　价	68.00 元

图书如有印装质量问题　本社负责退换
版权所有　盗版必究　举报电话：028-87600562

前 言

近年来包括加热卷烟在内的新型烟草制品已从新生事物迅速发展到日趋流行，全球市场快速增长，被广泛视为烟草行业可持续发展的希望和方向。菲莫国际、日本烟草和英美烟草等国际烟草巨头均已制定相应转型战略，未来企业核心产品将从传统卷烟向加热卷烟转移。技术的高速发展正在推动着尼古丁制品从卷烟向更加高效的尼古丁递送制品的形态转变。在科技创新驱动下，加热卷烟正在快速成为新兴烟草制品的主导形态。加热卷烟在加热机理和气溶胶通道设计，以及工艺设计和加工设备方面与传统卷烟有着较大的区别。本书聚焦加热卷烟烟支制备的工艺技术与配套设备，在云南中烟红塔集团"电加热新型卷烟制品规模化生产关键技术研究及应用"和"基于传统卷烟工艺的加热卷烟产业化关键技术研究及应用"等相关研究成果基础上，结合规模化生产案例，从加热卷烟制品发展趋势和现有加热卷烟制品规格展开，重点围绕加热卷烟烟支基棒成型、烟支卷制和烟支包装等核心工艺、前沿技术及相关设备原理对加热卷烟烟支制备技术进行深入探讨，并提出中式加热卷烟这一核心概念。本书以专业风格呈现，强调科技语和实际制备流程的描述，为行业从业者和烟草制造商提供广泛的指导和支持，希望能为行业从业者提供设备和工艺基础参考，满足新型烟草领域专业人士的需求。本书可作为从事加热卷烟烟支制备的技术人员、研究者和学生，以及对新型烟草制品感兴趣的专业人士的案头读物。

以加热卷烟为代表的新型烟草制品在技术驱动下，已成为新兴赛道，技术的高速发展推动着产品形态持续迭代升级，加热卷烟制品的研发和规模化生产是一个充满未知和挑战的过程，本书内容仅限于编者在这个过程中的积累和认知，加之编者水平所限，书中难免有不妥之处，敬请读者批评指正。

潘永华

2023 年 11 月 1 日

目 录

第 1 章
加热卷烟制品发展现状与趋势 ········ 001

1.1 新型烟草制品简介 ········ 001
1.1.1 电子烟 ········ 002
1.1.2 加热卷烟 ········ 002
1.1.3 固态电子烟 ········ 003

1.2 加热卷烟制品发展现状 ········ 003
1.2.1 炭加热卷烟 ········ 004
1.2.2 电加热卷烟 ········ 004
1.2.3 加热烟具 ········ 006

1.3 国际烟草集团加热卷烟市场发展趋势 ········ 008
1.3.1 菲莫国际 ········ 008
1.3.2 英美烟草 ········ 010
1.3.3 帝国烟草 ········ 011
1.3.4 日本烟草 ········ 011
1.3.5 韩国烟草 ········ 012
1.3.6 中烟国际（香港） ········ 014

1.4 加热卷烟全球主要市场监管情况 ········ 015
1.4.1 世界卫生组织 ········ 015
1.4.2 欧　盟 ········ 016
1.4.3 美　国 ········ 020
1.4.4 日　本 ········ 021

1.4.5 韩　国 ·· 022
　　　1.4.6 俄罗斯 ·· 023
　　　1.4.7 中　国 ·· 025
　1.5 **加热卷烟专利布局情况** ··· 025
　　　1.5.1 国际烟草集团专利布局情况 ·· 025
　　　1.5.2 中烟行业内专利储备情况 ··· 026

第 2 章
加热卷烟制品规格概述 ·· 027

　2.1 **加热卷烟烟支规格简介** ··· 027
　　　2.1.1 中心加热卷烟 ··· 027
　　　2.1.2 周向加热卷烟 ··· 030
　2.2 **加热卷烟包装规格简介** ··· 031
　　　2.2.1 双内包装 ··· 031
　　　2.2.2 单内包装 ··· 032
　　　2.2.3 保润包装 ··· 033
　　　2.2.4 其他异形包装 ··· 033

第 3 章
加热卷烟制备工艺概述 ·· 034

　3.1 **加热卷烟基棒成型工艺** ··· 034
　　　3.1.1 烟芯棒基棒成型工艺 ·· 034
　　　3.1.2 中空段基棒成型工艺 ·· 037
　　　3.1.3 降温棒基棒成型工艺 ·· 039
　　　3.1.4 过滤棒基棒成型工艺 ·· 039
　3.2 **加热卷烟烟支卷制工艺** ··· 041
　　　3.2.1 "2+2" 烟支卷制工艺 ·· 041
　　　3.2.2 "3+1" 烟支卷制工艺 ·· 043
　　　3.2.3 "4×1" 烟支复合工艺 ·· 046

3.3 加热卷烟烟支包装工艺 ············ 047
3.3.1 小盒包装工艺 ············ 048
3.3.2 小盒透明纸包装工艺 ············ 049
3.3.3 条盒及条盒透明纸包装工艺 ············ 049
3.4 加热卷烟烟支存储输送工艺 ············ 051
3.4.1 后进先出存储输送工艺 ············ 051
3.4.2 先进先出存储输送工艺 ············ 052

第 4 章
加热卷烟制备设备概述 ············ 053

4.1 加热卷烟基棒成型设备 ············ 053
4.1.1 加热卷烟基棒成型设备原理 ············ 053
4.1.2 加热卷烟基棒成型设备方案 ············ 054
4.1.3 加热卷烟基棒成型设备简介 ············ 055
4.2 加热卷烟烟支卷制设备 ············ 071
4.2.1 加热卷烟烟支卷制设备原理 ············ 071
4.2.2 加热卷烟烟支卷制设备方案 ············ 074
4.2.3 加热卷烟烟支卷制设备简介 ············ 076
4.3 加热卷烟烟支包装设备 ············ 087
4.3.1 加热卷烟烟支包装设备原理 ············ 087
4.3.2 加热卷烟烟支包装设备方案 ············ 089
4.3.3 加热卷烟烟支包装设备简介 ············ 089
4.4 加热卷烟存储输送设备 ············ 098
4.4.1 加热卷烟存储输送设备原理 ············ 098
4.4.2 加热卷烟存储输送设备方案 ············ 100
4.4.3 加热卷烟存储输送设备简介 ············ 100
4.5 加热卷烟制备技术发展趋势 ············ 104
4.5.1 烟芯棒基棒成型技术 ············ 104
4.5.2 烟气感官质量提升技术 ············ 105
4.5.3 绿色环保滤棒技术 ············ 106
4.5.4 溯源跟踪技术 ············ 107

第 5 章
积极应对国际竞争的中式加热卷烟 ………………………… 113

5.1 中式加热卷烟的提出——总结中式卷烟成功的历史经验，发展中式加热卷烟，积极应对国际竞争 ……………………………………………………… 113
  5.1.1 世界卫生组织：新型烟草已对全球控烟形成新的威胁 ………… 113
  5.1.2 国际烟草市场已出现传统烟草向新型烟草转型的分水岭 …… 114
  5.1.3 总结历史，借鉴中式卷烟发展民族品牌，发展中式加热卷烟 …… 114

5.2 中式加热卷烟定位——传承中式卷烟独有的吸味风格特色、低毒低害特色，定位中式清香型加热卷烟 ………………………………………………… 115

5.3 中式清香型加热卷烟初步设计方案 ……………………………………… 115
  5.3.1 叶组配方设计 ………………………………………………… 116
  5.3.2 香精香料配方设计 …………………………………………… 120

5.4 中式清香型加热卷烟烟气常规化学及有害与潜在有害成分分析 ……… 121

5.5 中式清香型加热卷烟的烟支结构设计示例——自然烟气加热卷烟（NSC） …… 121
  5.5.1 自然烟气加热卷烟（NSC）原理 ……………………………… 122
  5.5.2 中式清香型加热卷烟设计方案 ……………………………… 123

参考文献 …………………………………………………………… 127

第1章　加热卷烟制品发展现状与趋势

1.1 新型烟草制品简介

随着《世卫组织烟草控制框架公约（WHO FCTC）》自2005年生效以来，减少烟气成分，尤其是某些有害成分的释放量成为卷烟产品开发领域的研究重点，产品创新已成为烟草行业的必然选择。近年来，以菲莫国际、英美烟草、日本烟草等为代表的世界烟草巨头在降低卷烟危害性和无烟气烟草技术等方面开展了大量的研究工作，并将研究成果广泛应用于产品中。由此，出现了一个全新的概念——新型烟草制品，主要包括无烟气制品和有烟气制品，如图1.1所示。目前，世界各国新型烟草制品市场几乎都围绕着有烟气制品展开。

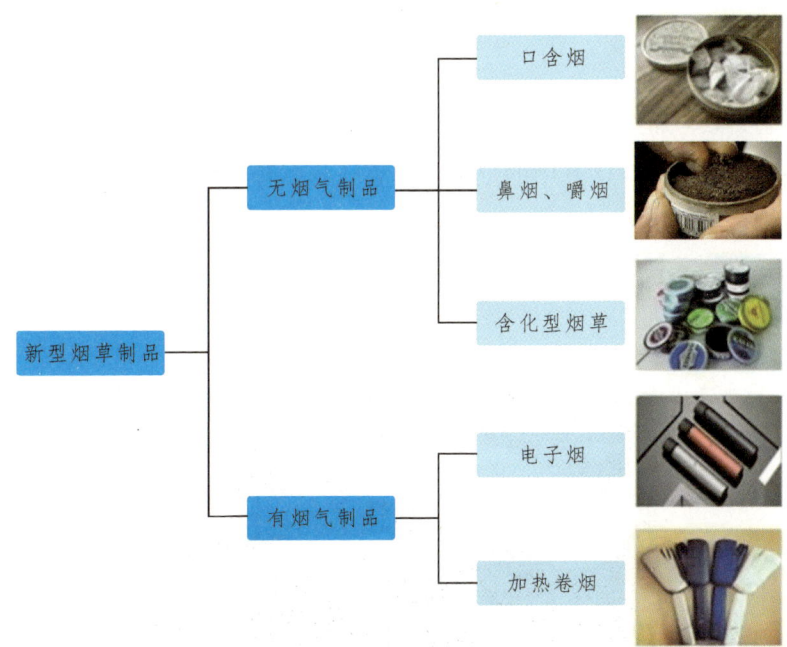

图 1.1　新型烟草制品分类

正如汽车行业的新能源汽车，新型烟草制品掀起了一场新的变革，深刻地影响着烟草行业的方方面面。不同于传统烟草制品，在新型烟草制品中以电子烟和加热卷烟为代表的有烟气制品由于抽吸时不需要点燃，有效地减少了焦油和一氧化碳等有害物质的释放，被认为是更为健康的选择。

1.1.1 电子烟

电子烟（见图1.2）是一种模拟传统烟草制品抽吸体验的电子产品，通常由加热器和烟弹两部分组成。利用电子技术通过加热器将烟弹中的烟油雾化为气溶胶状态供消费者使用。烟油的成分为丙二醇（Propylene Glycol，PG）、丙三醇（Vegetable Glycerin，VG）、香料（天然提纯或人工提取）和尼古丁盐等添加剂。

图1.2　电子烟

1.1.2 加热卷烟

与电子烟类似，加热卷烟（见图1.3）通过低温烘烤的方式将含有丙二醇和烟草成分的基材进行低温加热，使其中的尼古丁及香味物质释放出来，通过丙二醇等发烟剂产生的气溶胶来满足消费者的需求。它通常包含两个部分：加热器和加热卷烟。2020年，以菲莫国际（PMI）为代表的加热卷烟iQOS通过了美国FDA的风险改良烟草制品（MRTP）认证。

图1.3　加热卷烟

1.1.3 固态电子烟

随着液态雾化和固态雾化技术的不断发展和创新，由于电子烟和加热卷烟在成分和发烟机理上存在一定的相似性，在加热卷烟这一产品中逐渐催生出"固态电子烟"这一概念，俗称"低温本草制品"，如图1.4所示。

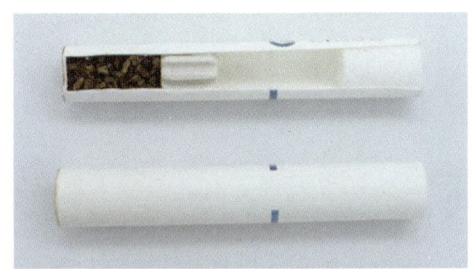

图1.4 低温本草制品

1.2 加热卷烟制品发展现状

众所周知，吸烟会导致许多疾病，如心血管疾病、肺癌和慢性阻塞性肺疾病等。尽管烟草行业一直在否认吸烟与疾病之间的联系，但行业内也投入了大量的时间和资金来开发一种"安全"的卷烟。随着对烟草认识的加深，人们普遍意识到，大多数与吸烟有关的疾病，不是由成瘾物质烟碱引起的，而是由吸烟时产生的有害成分导致的。研究表明，烟支燃烧形成的烟雾中含有超过8 000种化合物，其中一部分是通过烟草的不完全燃烧和热解形成的，而烟碱与烟草挥发性成分在300℃以下即可生成并迁移至烟气中。因此，阻止烟草基质燃烧既能降低有害物质的生成，又能保证烟碱与香味物质的递送。

从燃烧的基本原理（见图1.5）出发，烟草基质燃烧的发生须具备三个要素：可燃物（烟草）、温度（达到烟草基质着火点）和助燃剂（氧气）。在阻止烟草基质燃烧的研究道路上，加热卷烟从调控温度的方面入手，因产品外形、抽吸方式和感官体验等方面与传统卷烟最为接近，而成为减害产品中得以较早商业化的一个品类，如最早实现商业化的炭加热卷烟以及目前各大烟草集团重金研发的电加热卷烟。

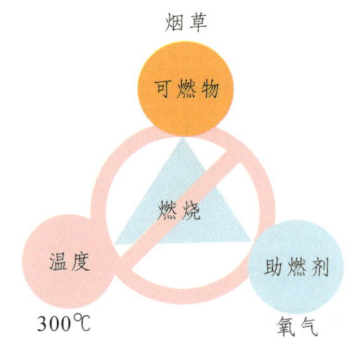

图 1.5　阻止烟草基质燃烧的三要素

1.2.1　炭加热卷烟

炭加热卷烟（见图 1.6）利用炭作为卷烟热源，通过热源燃烧将空气中的助燃剂（氧气）消耗后，再利用不含助燃剂的热气流对含甘油的薄片烟丝进行"烘烤"，使得烟丝中的发烟剂、烟碱和香味物质等挥发并经滤嘴冷凝后形成主流烟气供消费者吸食。

图 1.6　炭加热卷烟结构

为了给消费者提供一款与传统烟草具有同样享受与满足感，且可减少危害的产品，美国雷诺烟草公司（RJR）于 1988 年推出全球首款炭加热卷烟，如图 1.7 所示。不过仅仅一年，这款产品就因口感和吸味上的不足导致商业销售失败。随后，美国雷诺烟草公司于 1996 年推出了下一代炭加热卷烟（见图 1.8），其气溶胶较传统卷烟减害可达 80%～90%。

1.2.2　电加热卷烟

在炭加热卷烟的基础上，菲利普莫里斯国际（PMI）首款电加热卷烟（见图 1.9）于 1998 年上市。而美国雷诺烟草公司始终坚持原有的技术路线，继续于 2015 年推出旗下炭加热卷烟。

图 1.7　美国雷诺烟草公司 1988 年推出的炭加热卷烟

图 1.8　美国雷诺烟草公司 1996 年推出的炭加热卷烟

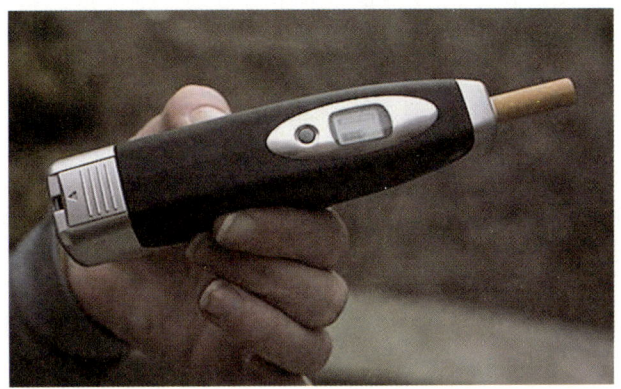

图 1.9　菲莫国际（PMI）电加热卷烟

最终，在这场加热卷烟技术路线的竞争中，菲莫国际于2014以旗下电加热卷烟iQOS（见图1.10）的成功推广获得了胜利，并将该类电加热卷烟命名为加热不燃烧卷烟（Heat Not Burn，HNB）。与此同时，加热不燃烧卷烟在全球市场迎来了高速的发展。同时，菲莫国际于2016年设立了"无烟未来"的转型目标，以尽可能保持烟草口感的同时，降低烟草危害为目标。

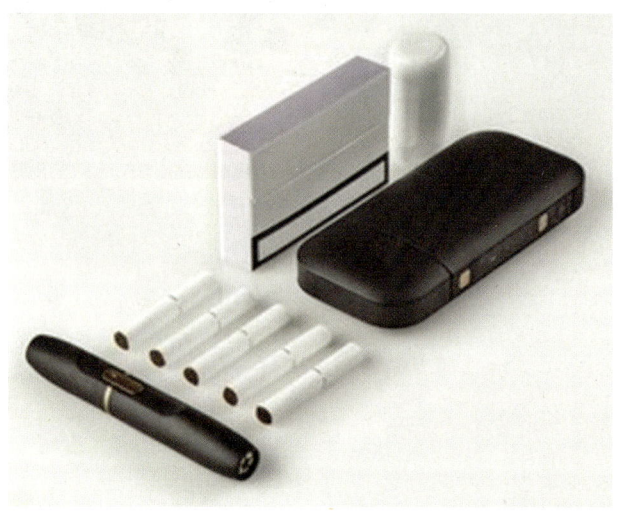

图1.10　菲莫国际电加热卷烟和加热烟具

由于电加热卷烟在商业化推广中取得了相比炭加热卷烟更为成功的销售成果，目前市场中销售的加热卷烟均指电加热卷烟，本书后续所述加热卷烟也均指电加热卷烟。从烟支结构上来看，加热卷烟和传统卷烟相似，在其加热端加入了特制的再造烟叶薄片，使用时需将其装入加热烟具中，在200～300℃下进行加热烘烤。由于烟气温度较高、成分复杂，所以和传统卷烟类似，需要通过滤嘴对烟气进行冷却和过滤才可供使用者吸食。

如图1.11所示，从加热卷烟烟支结构来看，加热卷烟通常由四个部分组成，从近唇端到远唇端分别是过滤棒、降温棒、中空棒和烟芯棒。降温棒是配套烟弹的最核心技术，采用不同降温材料卷制而成，如菲莫国际所生产加热卷烟的降温棒使用了聚乳酸（PLA）材料，其遇热软化发生形变吸收烟气里的热量，使之可以舒适入口。

1.2.3　加热烟具

不同于炭加热卷烟，由于电加热卷烟自身不带热源，在抽吸电加热卷烟时需要一个

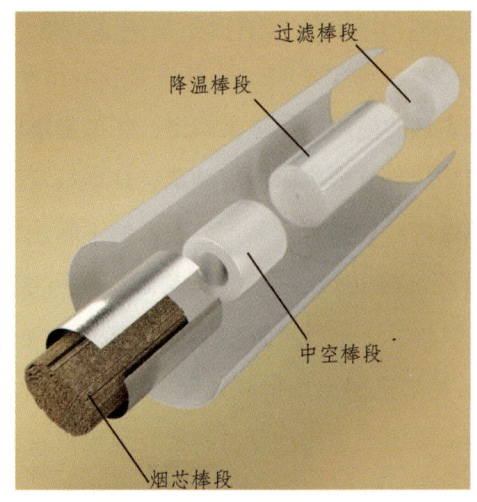

图 1.11 加热卷烟烟支结构

能够提供持续热源的烟具对其进行烘烤。根据加热方式的不同,加热烟具可分为中心加热烟具、周向加热烟具和混合加热烟具。目前,在售加热烟具以中心加热型和周向加热型为主。混合加热烟具虽能取得更好的加热效果,但由于其技术难度大、生产成本高、使用不方便、维护成本高,尚未见相关产品上市销售。

周向加热烟具和中心加热烟具在加热方式上存在着显著的差异。如图 1.12 所示,中心加热烟具将加热元件安装在加热腔的中心位置,通过向周围散发热量来加热卷烟的烟草段。周向加热烟具则是将加热元件均匀布局在加热腔的四周,通过向加热腔内部散发热量来加热卷烟的烟草段。

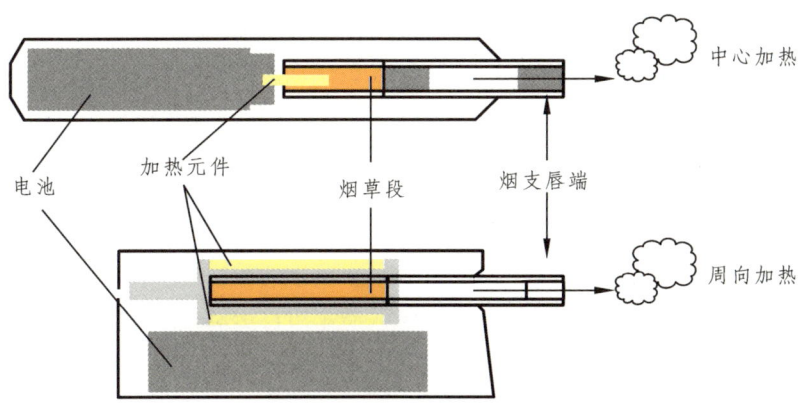

图 1.12 中心加热烟具和周向加热烟具结构

1.3　国际烟草集团加热卷烟市场发展趋势

近年来，随着对传统卷烟的使用限制越来越多，新型烟草制品作为一种替代产品的需求也不断增加。菲莫国际、英美烟草、帝国烟草、日本烟草等国际烟草集团纷纷向更低毒性的新型烟草制品积极转型。随着产品工艺技术的不断迭代发展，更为成熟的加热卷烟产品不断涌现。继菲莫国际 iQOS 之后，英美烟草加热卷烟制品 glo、日本烟草加热卷烟制品 ploom、韩国烟草加热卷烟制品 lil 以及帝国烟草加热卷烟制品 Pulze 等均加入了市场竞争，2020 年各卷烟集团市场份额如图 1.13 所示。随着市场的发展和消费者需求的不断增长，国际烟草集团的加热烟草制品将有望迎来较快的增长，未来几年加热烟草将成为烟草行业的一个重要发展方向。

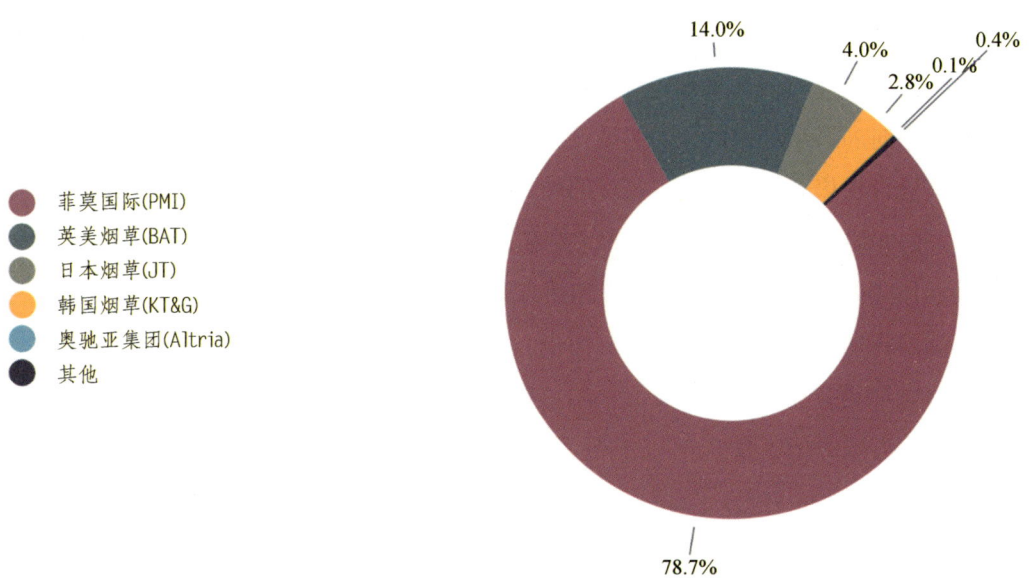

图 1.13　国际烟草公司加热卷烟全球市场份额（2022 年）

1.3.1　菲莫国际

作为较早开展电加热卷烟研发的国际烟草企业，自 2008 年以来菲莫国际共计投入超 60 亿美元，聘请超 400 位的顶尖科学家和行业专家投入烟草减害制品（Reduced-Risk Pro，RRPs）的研究。并于 2016 年设立了"无烟未来"的转型目标（见图 1.14），以尽可能保持烟草口感的同时，降低烟草危害为目标。

图 1.14 菲莫国际"无烟未来"转型目标

如图 1.15 所示,基于 iQOS 品牌,菲莫国际先后推出了三种不同类型的加热烟具:电阻式加热烟具 IQOS ORIGINALS 系列(IQOS、IQOS 2.4、IQOS 2.4+、IQOS 3、IQOS 3 Duohe、IQOS 3 multi)、电磁式加热烟具 IQOS ILUMA 系列和周向加热烟具 IQOS bonds 系列。

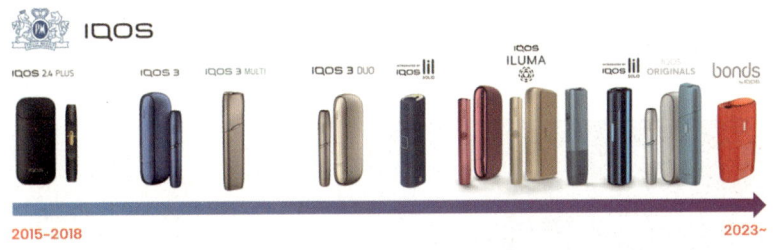

图 1.15 菲莫国际加热烟具

作为目前世界上销售范围最广的加热卷烟品牌,菲莫国际旗下加热卷烟于 2014 年底在日本首发,并于 2019 年和 2020 年分别通过美国食品药品监督管理局 FDA 的烟草预上市申请(Premarket Tobacco Product Application,PMTA)及改良风险烟草产品(Modified Risk Tobacco Product,MRTP)审核,成为唯一获准在美国销售的加热卷烟制品。通过与全球多家零售商建立合作关系构建销售渠道,菲莫国际(PMI)不断扩展旗下加热卷烟销售区域。根据菲莫国际(PMI)财报(见图 1.16),到 2025 年菲莫国际计划彻底转型为一家以无烟产品为主的公司,旗下新型烟草制品板块占总营收比例超过 50%,销量突破 2 500 亿支,投放市场达到 100 个;全球至少有 4 000 万由传统卷烟转化而来的无烟产品使用者,市场上至少有 30% 的产品为无烟产品。

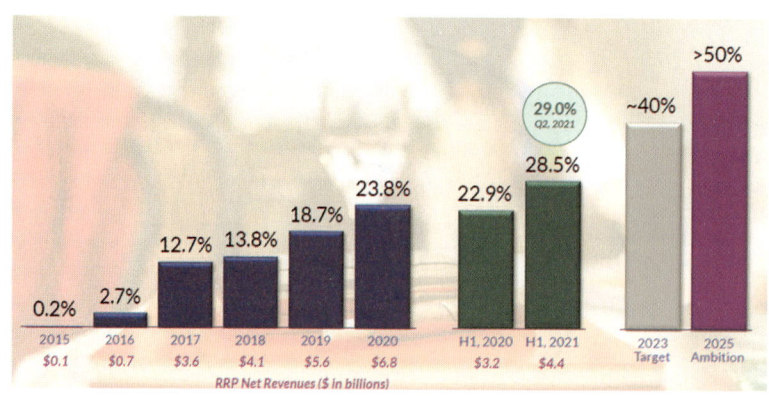

图 1.16　菲莫国际历年新型烟草制品板块总营收及 2025 年目标

1.3.2　英美烟草

作为世界第二大烟草公司，英美烟草持续推进"更美好的明天（A BETTER FUTURE）"转型战略（见图 1.17），旨在利用旗下潜在风险低的产品为全球烟草和尼古丁消费者带来更好的明天。该公司自 2010 年开始布局新一代烟草产品（NGPs），英美烟草先后投入超过 25 亿美元打造旗下新型烟草产品矩阵，其外延战略也开始向电子烟领域倾斜。通过旗下电子烟品牌、现代口含烟品牌和加热卷烟品牌，英美烟草构建了健全的新型烟草制品组合，积极鼓励消费者改用更健康的低风险产品。

图 1.17　"更美好的明天（A better future）"转型战略

2015 年，英美烟草在罗马尼亚推出混合加热烟草制品 glo iFuse 后，于 2016 年在日本推出旗下周向加热卷烟品牌 glo（见图 1.18）。并先后开发了适配该加热烟具的细支周向加热卷烟；同时利用旗下自有品牌开发适配中支加热卷烟的周向加热烟具 glo hyper、glo hyper X2 等型号，并在全球市场获得较好的销售成绩。

图 1.18　英美烟草加热烟具

预计到 2025 年，新型烟草业务可为英美烟草贡献 50 亿英镑的销售额，到 2030 年其不燃烧类制品可覆盖 5 000 万消费者。该公司将不断加大对加热烟草领域的投入，继续开发先进的加热烟具产品，以满足市场对高质量、高效率和安全健康的需求。

1.3.3　帝国烟草

作为全球四大烟草集团之一，帝国烟草拥有国际领先的电子烟品牌以及口含烟品牌。与其他国际烟草公司相比，在新型烟草制品业务中帝国烟草公司并没有积极参与加热卷烟产品的布局。直到 2019 年，帝国烟草才在日本市场推出加热烟具 Pulze（见图 1.19）和适配加热卷烟。由于 2020 年新型烟草制品业务的营收出现持续亏损，帝国烟草加热卷烟业务在 2021 年完全退出了日本市场，随后转向以欧洲市场为主的新型烟草策略。

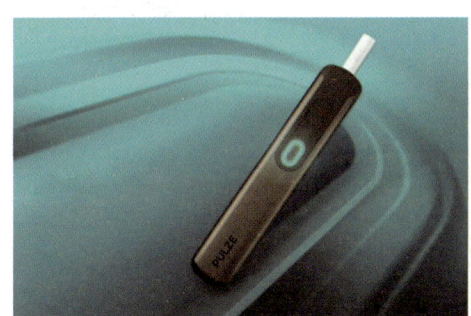

图 1.19　帝国烟草加热卷烟设备 Pulze

1.3.4　日本烟草

2013 年，日本烟草与美国一家名为 Ploom 的公司合作开发推出混合加热型烟具 Ploom，并于 2015 年 2 月完成对 Ploom 公司及其专利权的收购。为了对抗 iQOS 在日本全国范围内的大规模推广，2016 年后日本烟草对标 iQOS，以 Ploom 为品牌分别在日本和瑞士推出混合加热烟草制品 Ploom TECH、Ploom TECH+ 以及加热卷烟 Ploom S，如图 1.20 所示。

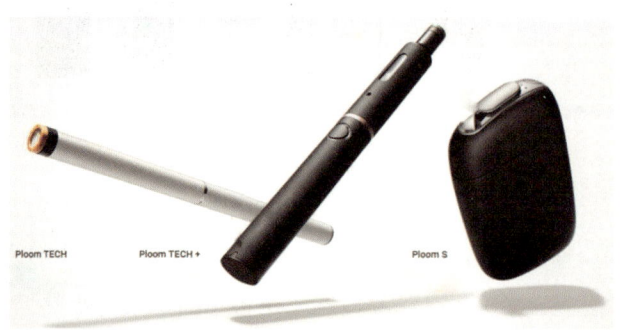

图 1.20　日本烟草加热卷烟设备 Ploom 系列

依靠日烟国际先后在英国、俄罗斯和意大利推出的新一代加热卷烟制品 Ploom X（见图 1.21），日烟迅速地扭转了前期在新型烟草业务中的颓势。2022 年，奥驰亚集团与日本烟草成立合资企业 Horizon，将利用菲莫美国在美分销网络共同销售二者加热烟具和加热卷烟。

图 1.21　日本烟草加热卷烟设备 Ploom X

1.3.5　韩国烟草

韩国烟草前身为韩国烟草人参公社。作为韩国第一大烟草公司，从 2013 年开始研制加热卷烟制品，并于 2017 年正式推出加热卷烟品牌"lil"及其配套加热卷烟，以此进军加热卷烟市场。为抢占国内加热卷烟市场，2018 年韩国烟草相继推出三款加热卷烟制品 lil plus、lil mini 和 lil HYBRID 与一款电子烟产品 lil vapor，如图 1.22 所示。其中 lil plus 与 lil mini 均采用中心加热技术，内部加热温度达 320℃，lil hybrid 烟具则采用了雾化与加热混合的方式。

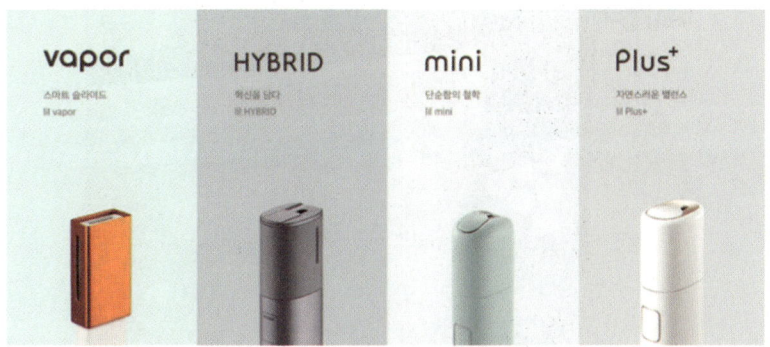

图 1.22　韩国烟草早期烟具设备

自 2020 年 2 月起,韩国烟草与菲莫国际签订持续 3 年的合作协议,菲莫国际可以向除韩国之外的所有国家销售"lil"旗下产品,韩国烟草则可借助菲莫国际的销售资源开拓公司海外市场。在与菲莫国际达成合作协议之后,韩国烟草以及菲莫国际先后在俄罗斯和乌克兰烟草市场上联合推出了 lil plus 的后继产品 lil SOLID 2.0。至此,韩国烟草在售加热卷烟制品形成了 lil SOLID(加热卷烟)和 lil HYBRID(混合加热)两个平台,如图 1.23 所示。

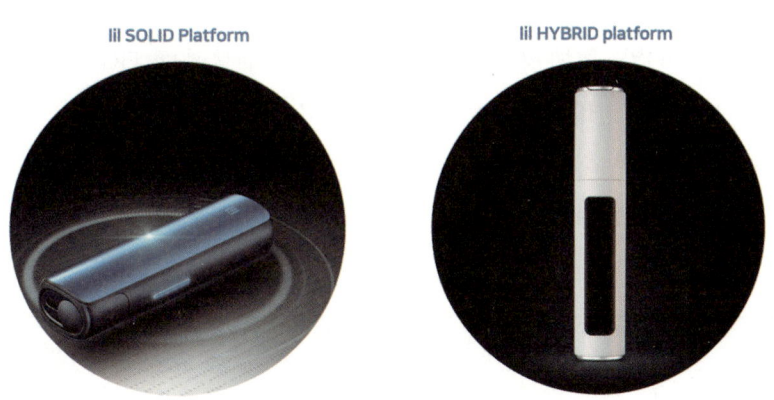

图 1.23　韩国烟草加热卷烟烟具平台

2022 年,韩国烟草推出其新一代加热卷烟设备 lil Aible(见图 1.24),适配的三种 AIIM 烟支(REAL 薄片型加热卷烟、GRANULAR 颗粒型加热卷烟和 VAPORSTICK 电子烟)可提供多种抽吸体验。lil Aible 整合了电话功能,配备的人工智能(AI)技术可自动检测周围的温湿度将烟具加热曲线调整至最佳模式,最大限度地提高了消费者的便利性和产品的差异性。目前,韩国烟草在售加热卷烟制品主要是 lil SOLID 2.0、lil HYBRID 3.0 以及 lil ALBLE。

图 1.24　韩国烟草加热卷烟设备 lil ALBLE

1.3.6　中烟国际（香港）

中烟国际（香港）有限公司成立于 2004 年，为中烟国际负责资本市场运作和国际业务拓展的指定平台。根据中国烟草总公司 60 号文，中烟国际（香港）是中国烟草总公司指定的从事国际业务拓展平台及烟叶类产品进口、烟叶类产品出口、卷烟出口及新型烟草制品出口业务的独家营运实体。

中烟国际（香港）已与中国烟草总公司旗下各省级中烟工业订立新型烟草制品出口独家经营及长期供货框架协议，旗下品牌包括加热烟具品牌 TRIGER 以及 CTOM、COO、MC、KUANZHAI、HOO、FARSTAR、ASHIMA 等 18 个加热卷烟品牌（见表 1.1），如图 1.25 所示。依托国内各家中烟工业公司坚持自主开发渠道、创新客户引入机制，推进从分销向自营模式转变，把握全球加热卷烟市场快速增长机遇。

表 1.1　中烟工业加热卷烟品牌及上市信息

工业实体	品牌	首发时间	首发国家或地区
四川中烟工业有限责任公司	KUANZHAI	2017 年 12 月	韩国
云南中烟工业有限责任公司	MC、ASHIMA、WIN	2018 年 4 月	韩国
广东中烟工业有限责任公司	MU+	2018 年 7 月	老挝
湖北中烟工业有限责任公司	MOK	2018 年 11 月	韩国
安徽中烟工业有限责任公司	TOOP-ONE	未公布	未公布
上海烟草集团有限责任公司	HOO	未公布	马来西亚
湖南中烟工业有限责任公司	HEO	未公布	未公布
深圳烟草工业有限责任公司	SIU	2020 年	未公布

图 1.25　中国烟草加热卷烟制品品牌

1.4 加热卷烟全球主要市场监管情况

由于加热卷烟独特的创新机理,对于加热卷烟的定义和监管目前各国尚未形成统一、完整的标准,新型烟草制品的销售给各国政府在烟草市场监管方面带来了巨大的挑战。在各国的监管条例中,加热卷烟这个基本概念目前并未形成统一而清晰的定义,且在加热卷烟健康风险方面仍然缺乏足够的研究,世界各国对加热卷烟的监管还有诸多不确定性。因此,厘清加热卷烟的基本概念,对加热卷烟产品性质进行界定,将有助于推动加热卷烟上市销售所会引发的一系列问题的解决和不确定性的消解,实现监管、税收征管、产业发展、消费者保护的良性发展。

1.4.1 世界卫生组织

世界卫生组织(WHO)经过大量研究发现,加热卷烟虽在一些地区被标榜为风险改良烟草制品,但目前仍无充分证据证明加热卷烟危害性显著低于传统卷烟。加热卷烟主流烟气中某些有毒有害物质(如焦油、一氧化碳等)释放量虽远低于传统卷烟,但加热卷烟中仍可能存在大量传统卷烟中没有的有害物质。2017年1月,世界卫生组织首次在的一份声明中对加热烟草制品(HTPs)进行了定义,随后在2018年5月再次对加热烟草进行了定义:加热烟草模仿了传统香烟的抽吸行为,其可以是特别设计的卷烟,也可是烟支或板烟,或含有烟草的装置;在被点燃或激活时可产生含有尼古丁这一高度成瘾物质和有毒化学物质的气溶胶,吸烟者在抽吸相关装置的过程中可吸入这些含有非烟草特征香味的气溶胶。最终,在 2018 年 10 月 6 日世界卫生组织烟草控制框架公约缔约方会议第 8 届会议 FCTC/COP8(22)号决议序言中表示"加热烟草制品属于烟草制品,应遵守世界卫生组织《烟草控制框架公约》(见图 1.26)的规定"。随后,在世界卫生组织发布的《加热烟草简报》和 2021 年 11 月举办的世界卫生组织烟草控制框架公约缔约方会议第 9 届会议(COP9)议题中均明确表示,各卷烟集团在加热卷烟毒理学表征方面的研究还不够充分,在短期和长期内对人体健康的影响仍无法明确,仍然缺乏烟草企业之外相对独立的研究成果。

图 1.26　世界卫生组织《烟草控制框架公约》

在加热卷烟的概念上,世界卫生组织强调不应将加热烟草制品与电子烟/电子尼古丁传送系统(ENDS)混为一谈。加热烟草通过加热含烟草成分的制品产生含有尼古丁的气溶胶,而市场上常说的电子烟/电子尼古丁传送系统所加热的烟油成分中并不含有烟草成分,若烟油成分中不含尼古丁则称为电子非尼古丁传送系统(ENNDS)。

由于加热卷烟的抽吸机理不同于传统卷烟,在一些国家和地区(如美国、日本和欧盟等)加热卷烟的市场准入机制方面仍不同于传统卷烟。因此,世界卫生组织要求各国政府应按照《烟草控制框架公约》中条款 9、条款 10 和条款 11 的内容将加热卷烟作为烟草制品加以管理并征收相关税费,针对新型烟草制品建立一套科学可靠的准入机制。各烟草经营方应在加热卷烟毒理学方面展开足够的研究,在提供相比传统卷烟具备更低健康风险和更少有毒有害物质的确凿证据后,方允许该产品上市。

1.4.2　欧　盟

在 2016 年将特征风味以及电子烟等方面的监管纳入《烟草制品指令(TPD)》前,法国国家标准化组织(AFNOR)于 2015 年发布了针对电子烟产品的实验标准 NF XP D90-300。在业界还没有将加热卷烟与电子烟在定义上进行完全的区分前,在欧洲范围内该标准一直被视为加热烟草产品的自律标准,并得到了业内和相关利益方的认可。该标准对电子烟在物理、化学、生物学等方面的测试方法进行了规定,并要求产品不得含有特定的化学物质。此外,该标准还对产品包装的要求进行了规定。产品包装必须具有完整的产品标签、使用说明、批次号和生产日期等信息。同时,产品包装必须符合法国环保要求,不能使用具有环境问题的材料。

为确保烟草制品的质量、安全和健康标准,作为烟草控制领域的领跑者,欧盟委员会于2001年发布了《烟草制品指令(TPD)2001/37/EC》,该指令被认为是欧盟烟草监管的里程碑。此后,现行烟草制品指令逐渐暴露出其监管范围无法涵盖新型烟草制品和其相关产品的问题,同时在应对烟草制品快速发展方面现行烟草制品指令也无法提供足够的灵活性。为应对以上问题,2014年欧洲议会正式修订了《烟草制品指令(TPD)2001/37/EC》。根据《烟草制品指令(TPD)2014/40/EU》要求,欧盟各成员国将采纳指令的要求并将之转化为本国烟草制品管控法规(见表1.2)。在转化过程中,各成员国有权依据本国情况对指令性法规进行修订性实施。虽各成员国对《烟草制品指令(TPD)2014/40/EU》的转化情况各有不同,但绝大部分国家监管法规相比《烟草制品指令(TPD)2014/40/EU》更加严格,在加热卷烟产品的销售、广告和促销等方面制定了严格的规定。

表1.2 欧盟部分国家加热卷烟监管情况

地区	监管机构	划分类别	监管制度
欧盟	欧盟委员会	烟草制品	烟草产品指令(Tobacco Products Directive,TPD) 一次性塑料指令(Single Use Plastics Directive,SUPD)
德国	联邦食品和农业部	新型烟草制品	烟草产品指令(Tobacco Products Directive,TPD) 烟草产品条例(Tobacco Products Ordinance,TPO) 一次性塑料指令(Single Use Plastics Directive,SUPD)
捷克	卫生部	无烟制品	烟草产品指令TPD(Tobacco Products Directive) 一次性塑料指令(Single Use Plastics Directive,SUPD) 食品和烟草制品法案(Act on foodstuffs and tobacco products)
葡萄牙	卫生部	无烟制品	烟草产品指令(Tobacco Products Directive,TPD) 一次性塑料指令(Single Use Plastics Directive,SUPD) Law No. 109/2015 Law No. 63/2017
荷兰	国家公共卫生和环境研究所 食品和消费品安全局	无烟制品	烟草产品指令(Tobacco Products Directive,TPD) 一次性塑料指令(Single Use Plastics Directive,SUPD) Dutch Tobacco Act(2014)

续表

地区	监管机构	划分类别	监管制度
波兰	卫生部	新型烟草制品	烟草产品指令（Tobacco Products Directive，TPD） 一次性塑料指令（Single Use Plastics Directive，SUPD） 保护公众健康免受烟草使用影响法案1995（The Act of November 9, 1995 on Protection of Public Health Against the Effects of Tobacco Use）
西班牙	卫生部	新型烟草制品	烟草产品指令（Tobacco Products Directive，TPD） 一次性塑料指令（Single Use Plastics Directive，SUPD） 579号皇家法令（Royal Decree 579/2017）
法国	卫生部	烟草制品	烟草产品指令（Tobacco Products Directive，TPD） 一次性塑料指令（Single Use Plastics Directive，SUPD） 公共卫生法（Public Health Code）

此后，欧盟又多次对《烟草制品指令（TPD）2014/40/EU》进行了修订和更新（见图1.27）。2022年11月23日，欧洲委员会在欧盟官方公报（OJ）上发布了《烟草产品指令（TPD）2014/40/EU））》的修正《授权指令Delegated Directive（EU）2022/2100》对加热烟草制品进行了定义，以撤销《烟草制品指令（TPD）2014/40/EU》中第7节第12条和第11节第6条对加热烟草产品的豁免。加热烟草制品被定义为"经加热可产生供使用者吸入享用的气溶胶的新型烟草制品，该气溶胶含有尼古丁和其他化学物质；根据其特性，可称为无烟烟草制品或可抽吸的烟草制品"。根据规定，欧盟成员国必须在2023年7月23日之前将该规则转化为本国法规，并从2023年10月23日起实施该规定。至此，欧盟市场彻底禁止销售具有特征风味的加热烟草产品。为了使监管法规与快速发展的新型烟草制品（NGPs）市场保持一致，欧盟计划于2024年欧洲议会选举之前就新的《烟草制品指令（TPD）》修订条款达成协议。

《烟草制品指令（TPD）2014/40/EU》除规定了烟草和加热烟草等新型烟草制品成分和包装要求外，还要求产品上市前须接受严格的市场准入审查。加热卷烟厂商或经销商须在产品上市销售的6个月前通过EU Common Entry Gate（EU-CEG），向欧盟委员会提交备案文件，明确产品成分、烟气成分、毒理学检测和市场研究等相关数据，并需要在产品包装上标注健康警示语和成分信息。此外，欧盟还于2019年颁布了《Single-Use Plastic Directive（EU）2019/904》（一次性塑料制品指令），该法规也适用于烟草制品包装材料。指令要求各成员国在2021年7月3日前须将指令纳入各国国家法，禁止销

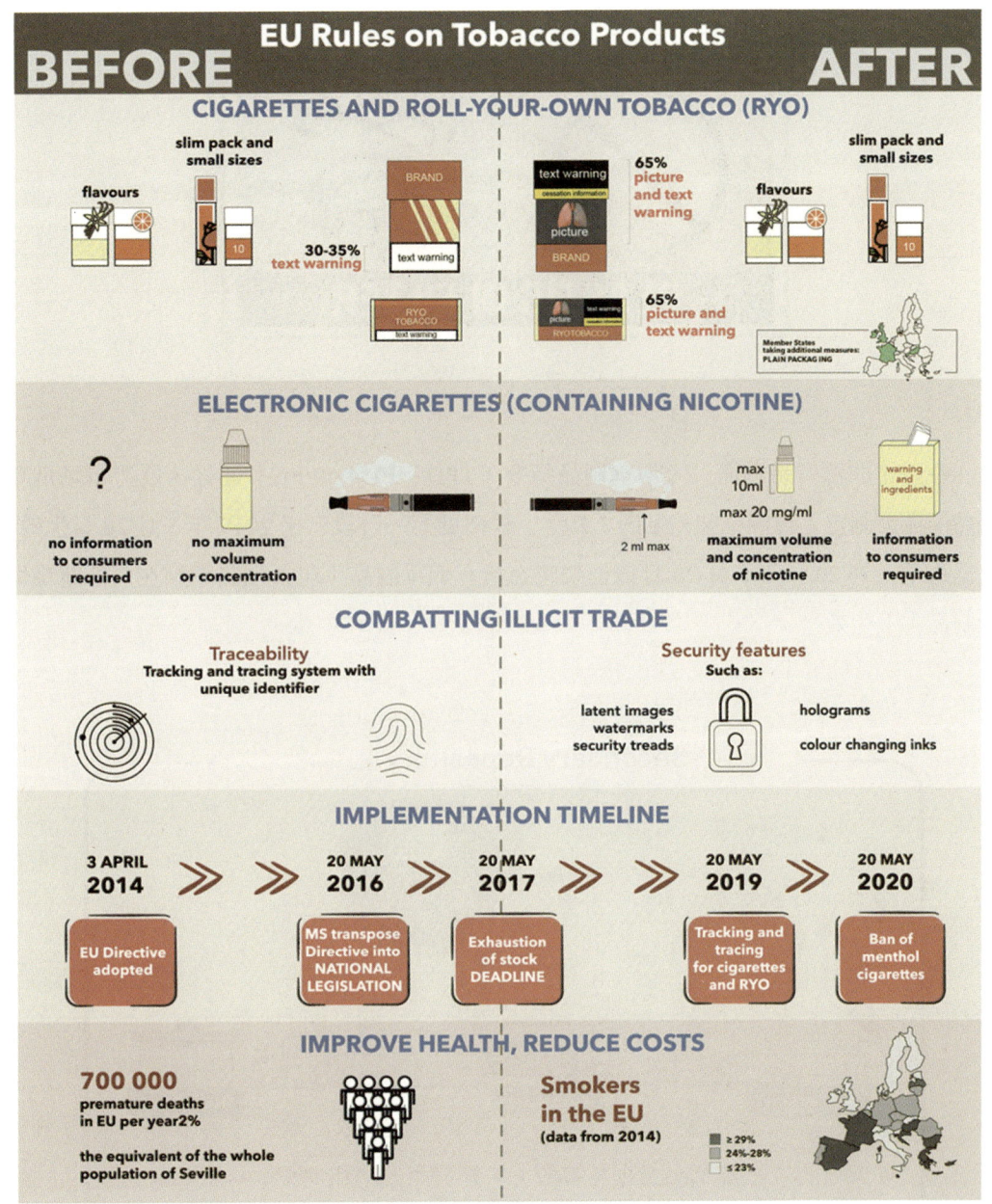

图 1.27 欧盟《烟草制品指令（TPD）2014/40/EU》修订历程

售诸如餐具、搅拌器、吸管、棉签和一些聚苯乙烯容器之类的塑料产品，并要求成员国采取措施减少使用其他一次性塑料制品的数量。根据指令要求，各成员国应确保在市场上销售的滤嘴卷烟和滤嘴制品外包装上需标识明显的标识，如图 1.28 所示。告知消费者不当的废弃物处理方式会对环境产生负面影响，并对标识的面积、文字大小、文字内容、标识颜色等要求做出了详细规定。

图 1.28　一次性塑料制品标示

在打击非法贸易方面,《烟草制品指令(TPD)2014/40/EU》同样为欧盟市场烟草制品的流动制定了追溯框架(见图 1.29)。框架的第一阶段已于 2019 年 5 月 20 日生效。根据规划,到 2024 年 5 月 20 日该框架将在所有烟草制品(包括加热卷烟在内的新型烟草制品)上生效。

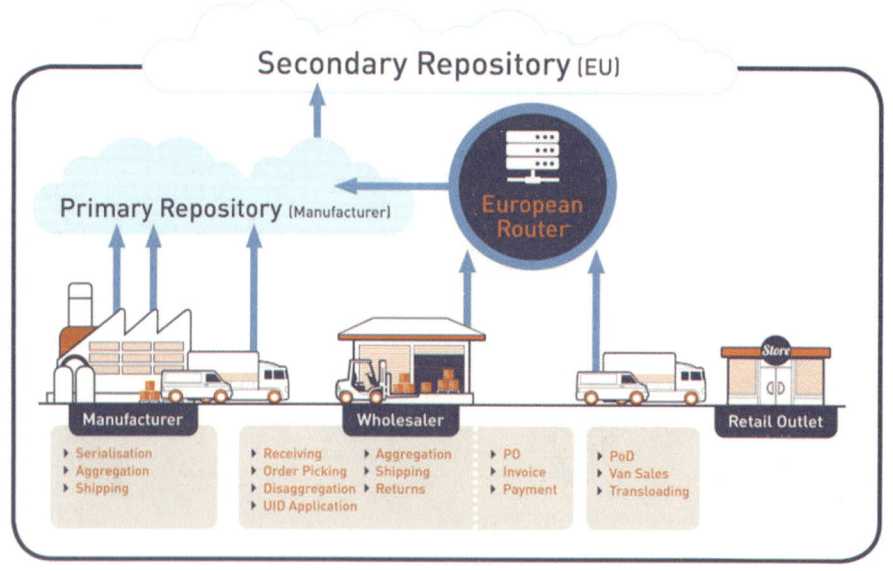

图 1.29　欧盟加热卷烟追溯系统

1.4.3　美　国

随着新型烟草制品的不断涌现,美国烟草行业正面临着严峻的监管和挑战。为有效规范和控制烟草制品的生产、销售和使用,预防和减少吸烟对健康的危害,美国国会于 2009 年通过《烟草控制法案(Tobacco Control Act)》。该法案赋予美国食品药品监督管理局（FDA）广泛的权力来管理烟草制品，包括审批烟草制品的销售、监督烟草制品的生产和广告宣传、监督执行各州对烟草制品销售的限制等。

根据《烟草控制法案（Tobacco Control Act）》和《联邦食品药品和化妆品法案（Federal Food，Drug，and Cosmetic Act）》，美国食品药品监督管理局制定了一系列相关法规，见表1.3。根据要求，所有新型烟草产品（包括加热卷烟）的上市销售都需向美国食品药品监督管理局提交烟草产品预上市申请（PMTA）。此外，如果厂商希望将其产品定位为"风险改进烟草产品（MRTP）"，则需额外提交更为严格的申请以证明该产品相较于普通卷烟具有更低的健康风险。然而，美国联邦机构间对加热卷烟的监管仍存在分歧，随着加热卷烟市场不断发展，加热卷烟的监管成为了一个复杂的问题。

表 1.3 美国加热卷烟监管情况

地区	监管机构	划分类别	监管制度
美国	美国食品药品监督管理局（FDA）	烟草制品	烟草控制法（Tobacco Control Act） 烟草制品认定最终规定（Deeming Tobacco Products To Be Subject to the Federal Food，Drug，and Cosmetic Act）

1.4.4 日 本

从全球第一款加热卷烟 iQOS 自2013年12月在日本销售，直至2016年左右的迅速普及，日本市场已逐渐成为全球加热烟草的重要战场。根据欧睿国际的调研数据（见图1.30），不同于传统卷烟，自2016年起加热卷烟在日本卷烟市场中的销量逐年递增，2020年其销量已趋近于450亿支（90万箱）。

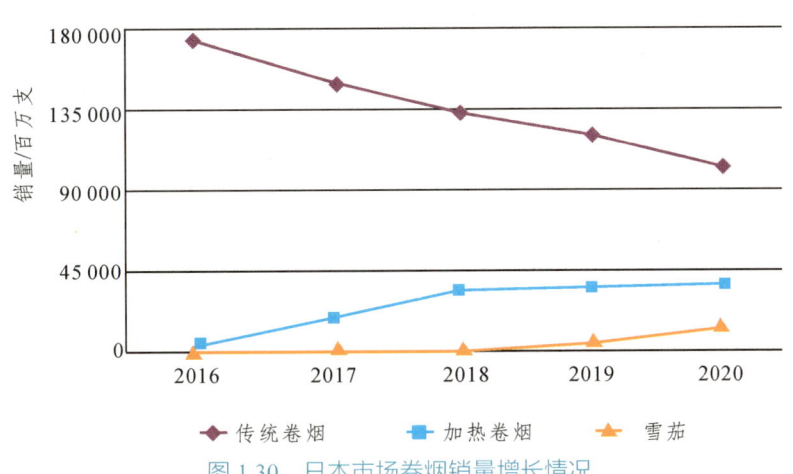

图 1.30 日本市场卷烟销量增长情况

1984年8月,日本取消烟草专卖制度后,立即颁布实施了《日本烟草产业株式会社法》和《烟草事业法》。2018年,由于加热卷烟被认定为烟草制品,厚生劳动省根据《烟草事业法》对加热卷烟制定了与传统卷烟相似的监管标准,要求加热卷烟的烟碱、焦油、一氧化碳等成分的含量必须低于传统卷烟,禁止在电视、杂志等媒体上进行广告宣传。此外,为确保产品符合特定的标准,加热卷烟在日本上市前需经过厚生劳动省的审查,见表1.4。

2018年,日本政府对《健康增进法》进行了修订,通过了迄今为止最为严格的室内吸烟规定。除专用吸烟室外的公共设施内全部禁止吸烟,然而加热卷烟却被排除在外。此后,由于2020年《健康增进法修正案》的实施,加热卷烟才被禁止在非吸烟区使用。

表1.4 日本加热卷烟监管情况

地区	监管机构	划分类别	监管制度
日本	厚生劳动省（卫生部）	加热卷烟（烟草制品）	烟草事业法 健康增进法

1.4.5 韩 国

1995年,韩国保健福祉部颁布了《国民健康促进法（NHPA）》对在韩国上市的烟草制品在生产、销售、广告和包装等多个方面进行了规范。此后,《国民健康促进法（NHPA）》被多次修订。2016年,经修订的《国民健康促进法（NHPA）》将包括电子烟和以IQOS为代表的加热卷烟等新型烟草制品纳入监管范围。2018年,韩国保健福祉部发布了一份报告指出,加热烟卷烟对健康的影响仍需进一步研究,要求将其与传统卷烟采取同样的监管方式。直至2021年《国民健康促进法（NHPA）》修正案实施后,才将加热卷烟与传统香烟进行了区分,对加热卷烟的销售和推广进行了限制,并禁止在卷烟包装上使用"清淡"和"温和"等词语。根据《国民健康促进法（NHPA）》要求,加热卷烟包装必须在包装正面和背面至少50%的地方印有健康警告图片和警告文字,告知消费者吸烟的有害健康和尼古丁的成瘾性,如图1.31所示。同时,为规范从事烟草行业的企业行为,韩国企划财政部还制定了《烟草商业法》,见表1.5。

图 1.31　韩国加热卷烟包装范例

表 1.5　韩国加热卷烟监管情况

地区	监管机构	划分类别	监管制度
韩国	企划财政部 保健福祉部	加热卷烟	烟草商业法 国民健康促进法（NHPA）

1.4.6　俄罗斯

作为世界第四大加热卷烟市场，俄罗斯的加热烟草市场正在蓬勃发展。根据欧睿信息咨询公司和联邦税务局的消费税数据，2020年1月加热烟草产品占俄罗斯烟草市场的5.5%，产值超过13亿美元。根据《欧亚经济联盟条约》，作为中亚、北亚和东欧的五个成员国（俄罗斯、白俄罗斯、哈萨克斯坦、亚美尼亚和吉尔吉斯斯坦）组成的区域经济联盟（EAEU）一员享有共同的关税和共同的技术法规。俄罗斯相关产品（包括烟草制品）标准和要求均由欧亚经济联盟统一制定，在烟草市场监管法规、税收和追溯系统上五国通用。因此，为了减少尼古丁、焦油和其他有害成分的负面影响，欧亚经济联盟对烟草制品采取了统一的安全性能标准《烟草制品技术法规》（CU TR 035/2014）。该标准规定了欧亚经济联盟内烟草制品在生产、标签、包装和运输方面需进行强制性符合性确认，确认货物的实际属性符合 CU TR 035/2014 的安全要求，产品的制造商或供应商有义务仅凭注册的烟草制品 EAC 声明进行商业活动。

同时，根据联邦第15-FZ号法律《关于保护公民免受二手烟和烟草消费影响健康法案》（又称《烟草控制法》）要求，加热卷烟必须遵守与传统烟草制品相同的规定。为避免相关营销术语可能对消费者造成误导，政府已禁止在加热卷烟的营销中使用如"轻淡"和"低焦油"等词语。为进一步规范加热卷烟制品，俄罗斯政府于2017年发布了一项非强制性国标 GOST R 57458-2017《加热烟草制品通用标准》，规范了加热烟草制品在生产、标签和包装方面的要求，见表 1.6。

表 1.6　俄罗斯加热卷烟监管情况

地区	监管机构	划分类别	监管制度
俄罗斯	欧亚经济联盟（EAEU）卫生部	加热卷烟（烟草制品）	CU TR 035/2014《烟草制品技术法规》 GOST R 57458-2017《加热烟草制品通用标准》 （非强制）

为进一步打击卷烟非法贸易，保护烟草等某些消费品的用户，俄罗斯于 2019 年推出了俄罗斯商品电子标签系统"Chestny ZNAK"（见图 1.32），采用 DataMatrix 二维码技术实施商品电子标签化及商品信息追踪化，要求所有包装上都标有唯一的二维码以防止假冒产品进入市场。俄罗斯政府可通过检查对不合规行为进行处罚。

图 1.32　俄罗斯商品电子标签系统"Chestny ZNAK"及 DataMatrix 二维码

如图 1.33 所示，对于烟草产品，该系统要求所有包装（盒、条、件）上均印有唯一的电子标签识别码，并且在供应链的每个阶段（从制造到零售）将该代码扫描注册在系统中，然后通过一个集中数据库进行注册和跟踪。进口商可在电子标签系统的私人账户中注册并申请电子标签二维码，并将其以数字形式传输给生产商。生产商则以 DataMatrix 格式打印该代码，并将其贴在商品上。

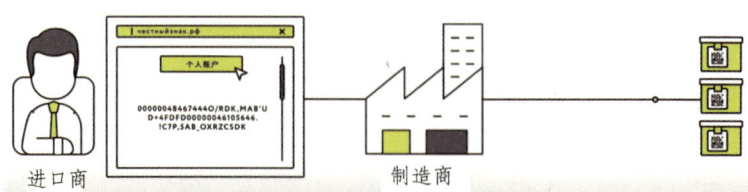

图 1.33　俄罗斯商品电子标签追溯码

1.4.7 中国

在全球多数国家电子烟与加热卷烟的区别仍然是一个模糊概念的情况下，中国电子烟产业在海外市场需求的刺激下不断兴起。2019年5月后，国家烟草专卖局科技司在相关文件资料上均将加热不燃烧型卷烟统称为加热卷烟。至此，从行业层面明确了加热卷烟属于卷烟而不属于电子烟，对加热卷烟概念的研究和探讨对加热卷烟制品的发展有着重要的现实意义和长期价值。加热卷烟概念的明确将有力地支持行业加热卷烟制品市场监管以及产能规划等顶层设计，不断完善国内加热卷烟市场化进程。

2021年11月10日，国务院公布《国务院关于修改〈中华人民共和国烟草专卖法实施条例〉的决定》，明确"电子烟等新型烟草制品参照本条例卷烟的有关规定执行"在加热卷烟的监管上，正式形成了以《中华人民共和国烟草专卖法》《中华人民共和国产品质量法》《中华人民共和国烟草专卖法实施条例》及《电子烟管理办法》（国家烟草专卖局公告2022年第1号）、《电子烟》（GB 41700—2022）强制性国家标准等一系列法律法规、规章和规范性文件的监管制度。同时，针对电子烟产品特点，国家烟草专卖局在充分研究的基础上，于2022年5月11日制定了《电子烟警语标识规定》，如图1.34所示。在烟草专卖制度和其他监管政策的引导下，健康有序发展的加热卷烟制品，为践行"两个至上"贡献一份力量。

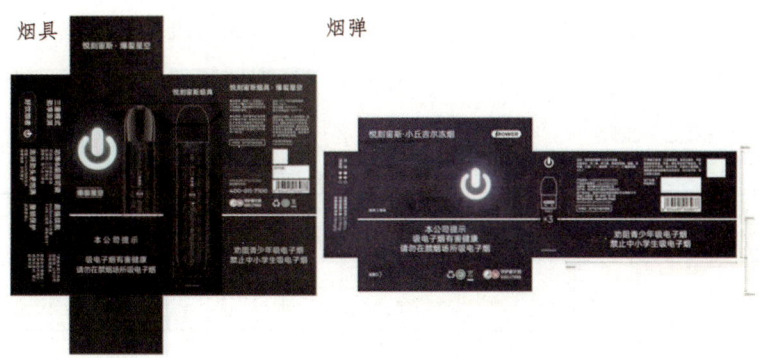

图1.34 电子烟包装范例

1.5 加热卷烟专利布局情况

1.5.1 国际烟草集团专利布局情况

加热卷烟在对健康的影响上相比传统卷烟较小，并且能为吸烟者提供了一种危害较小的摄入尼古丁的方式。其主要专利所有者基本为各大国际烟草集团，包括英美烟草、菲莫国际、帝国烟草和中国烟草。在这些专利中有相当一部分是通过其子公司持有的，如Nicoventures（英美烟草）和Nerudia（帝国烟草）。

作为全球加热卷烟研发的领头羊，菲莫国际在加热卷烟制品专利攻防体系构建领域投入大量资金。至2019年，菲莫国际在研发方面共投入了90亿美元。截至2021年2月，菲莫国际在加热卷烟（加热不燃烧制品）领域已经拥有超过6 000项专利，仅旗下的IQOS加热烟草系统就已获得超900项专利，涉及加热技术、电子控制、物料科学等多个领域。相比菲莫国际，英美烟草自2012年以来在研发方面的投资已超过26亿美元，在2021年进一步增加新型烟草制品投资4.96亿英镑（6.5344亿美元）。日本烟草国际公司在2015年至2020年间投资了20亿美元。此外，各公司还在全球范围内积极申请其他加热卷烟专利，以巩固保护其技术和市场地位，现已形成包含烟具和烟支技术在内较为完备的专利壁垒。据欧睿国际预计，到2025年，低风险类别产品的全球零售价值将超过1 000亿美元，高于2020年的400亿美元。除此之外，菲莫国际还与其他公司展开专利交叉许可和技术合作，以共同推进加热卷烟技术的发展。

1.5.2 中烟行业内专利储备情况

如图1.35所示，根据SOOPAT平台数据显示，我国加热卷烟和加热卷烟相关专利历年申请总量由2009年的4个增长至2022年的2802个。近十年来，尤其是2012年以后，国内烟草行业在加热卷烟专利技术研发方面取得了长足进步，申请专利总量远超国外烟草公司和其他专利申请人。其中，云南中烟工业有限责任公司和湖北中烟工业有限责任公司的专利数量较多。

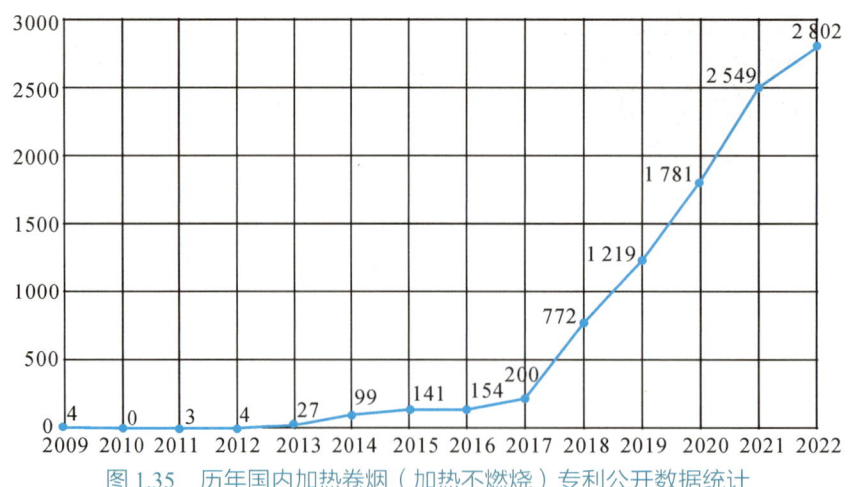

图1.35　历年国内加热卷烟（加热不燃烧）专利公开数据统计

第2章 加热卷烟制品规格概述

2.1 加热卷烟烟支规格简介

根据所选用加热烟具的不同可将加热卷烟分为周向加热卷烟和中心加热卷烟。如图 2.1 所示，周向加热卷烟采用了热源分布在卷烟四周的加热方式，因此特别适合那些直径与中支和细支卷烟相近规格的烟支。相比之下，为了获得更好的烘烤效果，那些直径与传统卷烟相似的加热卷烟通常采用中心加热的加热方式，将加热片布局于烟支中心轴线处对烟支进行烘烤，如图 2.2 所示。

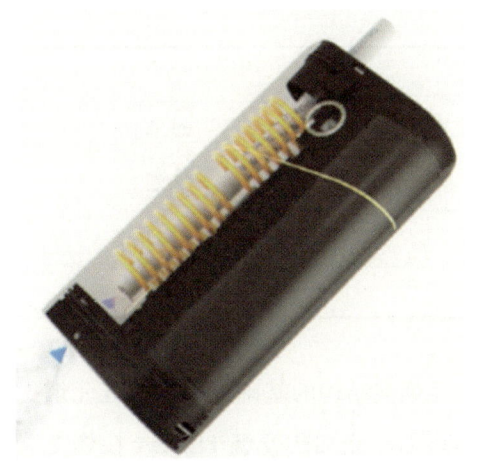

图 2.1　周向加热卷烟与烟具

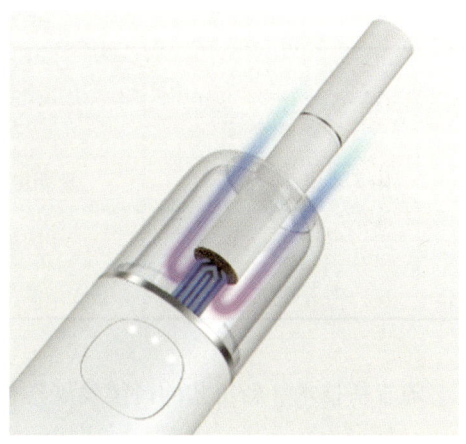

图 2.2　中心加热卷烟与烟具

2.1.1 中心加热卷烟

中心加热卷烟烟支结构通常有四元和五元两种烟支结构。如图 2.3 和图 2.4 所示，四元烟支结构是由烟芯棒、中空棒、降温棒和过滤棒组成的烟支结构。其中，烟芯棒是产生烟气的核心部分，通常由烟草薄片加工而成；中空棒具有收拢烟气达到聚香的效果，并起到支撑烟支形状的作用；降温棒可通过相变作用将产生的高温烟气冷却，达到降低烟气温度的作用；过滤棒则起到过滤烟气的作用。如表 2.1 所示，四元结构加热卷烟所用基棒中过滤棒和中空棒为醋酸纤维滤棒，降温棒为聚乳酸（PLA）滤棒，烟芯棒则由专用薄片和香料制成。

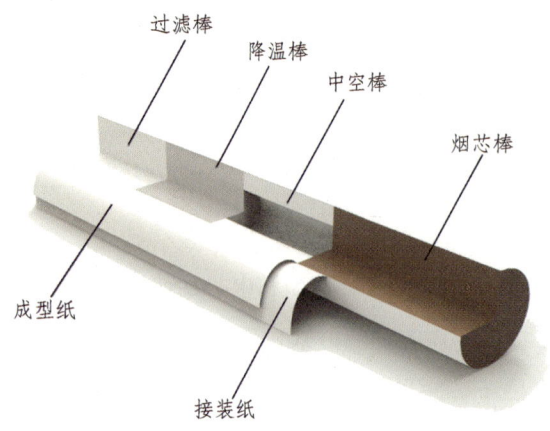

图 2.3　中心加热卷烟四元烟支结构

图 2.4　中心加热卷烟内部结构

表 2.1　加热卷烟四元烟支结构棒段材料与功能

基棒种类	基棒材料	基棒功能
过滤棒	醋酸纤维	过滤
降温棒	聚乳酸（PLA）薄膜	降温
中空棒	醋酸纤维	支撑和聚香
烟芯棒	专用烟草薄片	产生烟气

随着新技术、新工艺的持续发展迭代，在四元烟支结构的基础上引入了五元烟支结构加热卷烟。如图 2.5 所示，菲莫国际已上市销售的电磁加热卷烟 TEREA 在烟支端部额外增加一元结构（醋纤堵头）用于封堵烟芯棒薄片材料，使得烟具加热仓在使用后几乎无烟丝及碳化残留而免于清洁。日本烟草的加热卷烟设备 Ploom X 所配套加热卷烟 MEVIUS 则在滤棒端加入另外一元功能性滤棒形成五元结构加热卷烟，为消费者带来更多的体验。

根据烟芯棒段芯材填充工艺的不同又可将中心加热卷烟分为有序排列加热卷烟和相对有序排列加热卷烟。

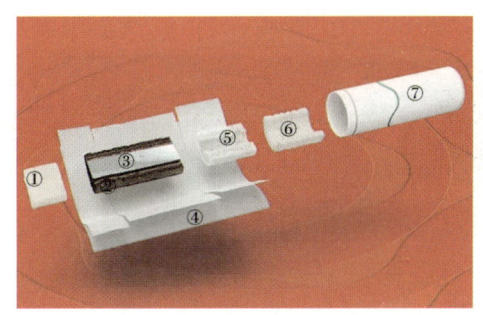

1—醋纤堵头；2—烟草段；3—电磁加热片；4—卷烟纸；
5—中空棒；6—薄壁中空棒；7—过滤棒。
图 2.5　菲莫国际加热卷烟 TEREA 五元烟支结构

1. 有序排列加热卷烟

如图 2.6 所示，有序排列加热卷烟利用填充的烟丝及其形成的有序排列空隙为烟气的流通提供了近似直线的气流通道，有效地减少了抽吸的阻力及烟丝对烟气的吸附性能，提高了烟气的通过效率。主流代表产品为菲莫国际的加热卷烟，所使用的加热烟具为中心加热烟具。

图 2.6　有序排列加热卷烟

2. 相对有序排列加热卷烟

相对有序排列加热卷烟在制丝环节将经过预处理的片状再造烟叶通过切丝机分切为定长、定宽的烟丝，再经卷接设备卷制成条。通过对流化床内喷嘴风速、流化床温度和烟丝添加量等参数的调控，提升卷烟机内吸风室气流稳定性，使得烟条内填充的薄片丝规则且有序排列比例达到 80% 以上（见图 2.7）。相对有序排列加热卷烟可直接使用现有高速卷制设备进行生产，设备改造成本低；烟丝中仍存在有序排列的空隙，烟气的通过效率较佳；主流代表产品为韩国烟草公司的加热卷烟；所使用的加热烟具为中心加热烟具。

图 2.7　相对有序排列加热卷烟

2.1.2　周向加热卷烟

周向加热卷烟多为中支和细支规格，其烟支通常采用三元结构或四元结构设计。其中，三元结构烟支主要由烟条段、纸管段和过滤棒组成，如云南中烟所生产的周向加热卷烟 CTOM-WIN 和红塔山（双享）。四元结构烟支则在三元结构基础上增加了一段中空棒，如英美烟草 glo hyper 加热烟具适配的加热卷烟 NEO 和 KENT（见图 2.8）。此外，云南中烟自然烟气加热卷烟 CTOM（YOKI）则采用了类似中心加热卷烟的四元烟支结构。基于周向加热卷烟的加热方式，周向加热卷烟的烟芯棒多为无序排列的形式。此种烟支结构的设计旨在更好地控制烟气温度，从而实现更佳的口感和烟雾释放，且为消费者提供了更多元化的选择。

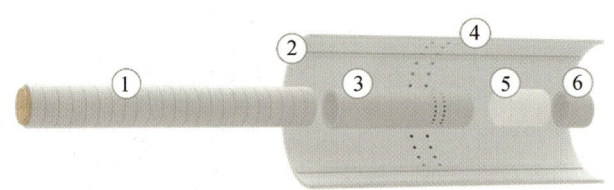

1—烟条段；2—接装纸；3—纸管段；4—激光孔；5—过滤段；6—中空段。

图 2.8　英美烟草 glo hyper 周向加热卷烟烟支结构

与传统卷烟工艺类似，周向加热卷烟将预制烟草薄片经切丝、加香、加料和烘丝处理后，经卷接设备卷制成条，烟条内薄片丝排列与传统卷烟烟丝一样为完全无序，可利用高速卷制设备进行生产。无序排列的薄片利用率高且可以添加一些膨胀梗等，原料利用率比有序排列高 25%~30%。主流代表产品为英美烟草生产的 NEO、KENT（见图 2.9）、湖北中烟的加热卷烟 COO，以及日本烟草所生产的 Camel。其中，加热卷烟 COO 适配烟具品牌为 MOK，采用中心针式加热；加热卷烟 NEO、KENT 适配的烟具品牌为 glohyper；加热卷烟 Camel 适配烟具为 Ploom X。它们所采用的加热方式均为周向加热。

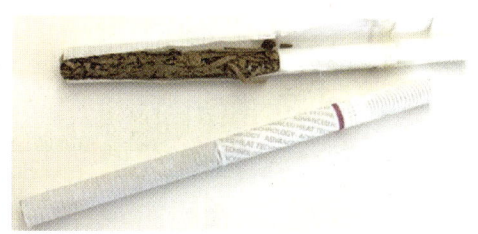

图 2.9 无序排列加热卷烟

2.2 加热卷烟包装规格简介

随着卷烟市场产品多样化的发展,消费者对卷烟产品需求日渐趋于高质量、高标准和高要求,除了对卷烟产品本身的抽吸感受之外,对于产品包装方式有着新的需求。随着高速卷接烟平台技术的逐渐发展和成熟,受到追捧的卷烟产品已不再局限于普通包装,消费市场结构逐渐向异形包装卷烟产品倾斜。与此同时,加热卷烟包装也发展出了多样化的包装形式,如火柴盒式、药盒式包装盒等。包装烟支量则趋向于每包10支或5支的小型化包装,以使加热卷烟包装能满足烟民在不同条件、不同场合的需要。目前,随着加热卷烟包装工艺的发展,根据包装形式的需求,发展出双内包装和单内包装两种规格。

2.2.1 双内包装

双内包装是目前加热卷烟常用的包装形式,烟包内烟支通常为 5-5/5-5 排列(见表2.2)。烟支的 5-5/5-5 排列方式每个双内包装小盒内含有两个内包装,每个内包装内通常排列着 2 排、每排有 5 支烟支,如图 2.10 所示。设计这种包装形式的目的主要是方便消费者携带和存储加热卷烟,避免烟支在小盒开封后烟芯棒内烟草薄片受潮而影响抽吸口感。此外,由于加热卷烟相比传统卷烟更短,5-5/5-5 排列的包装方式也可以让消费者更加方便地取出烟支,减少烟支在小盒内的混乱和掉落。同时,这种包装形式还可以让消费者更加方便地控制自己的吸烟量,避免过量吸烟对身体健康造成的潜在危害。

表 2.2 加热卷烟双内包包装规格信息

项 目	尺 寸
烟支尺寸 /mm	直径 7.23,长度 45
烟支排列形式	(5-5)×2
烟包尺寸 /mm	高度 48.6,长度 74.6,宽度 15.9

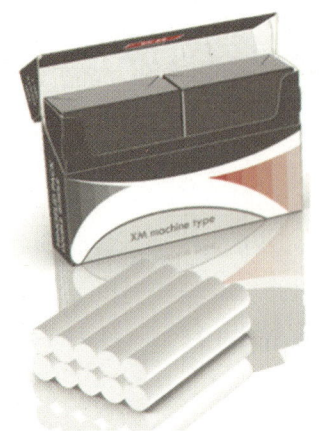

图 2.10　加热卷烟双内包包装

2.2.2　单内包装

除双内包装外,部分地区市场上市的加热卷烟还有采用单内 5-5 排列的包装形式(见表 2.3)。如图 2.11 所示,与传统卷烟包装类似,加热卷烟单内包装在小盒中只有一个内包装,内包装内的烟支被平均地分为两排,按照 5-5 排列方式进行排列。

表 2.3　加热卷烟双内包包装规格信息

项　目	尺　寸
烟支尺寸 /mm	直径 7.23,长度 45
烟支排列形式	5-5
烟包尺寸 /mm	高度 48.6,长度 37.4,宽度 15.9

图 2.11　加热卷烟单内包包装

2.2.3 保润包装

卷烟保润包装是一种特殊的卷烟内包装方式，通常用于保护烟支在使用过程中受潮和干燥。如图 2.12 所示，该内包装包括保鲜密封膜和与其配套使用的反复粘贴式标签，可保持烟支的湿度和新鲜度，并且可以延长其保存时间。由于加热卷烟在抽吸时烟气甘油释放量受烟支加热温度及烟芯棒烟草薄片含水率的影响较大，在加热卷烟的包装中采用保润包的包装方式将有利于提升产品的使用感受。

图 2.12　加热卷烟保润包装

2.2.4 其他异形包装

除以上常见的包装形式以外，卷烟包装企业根据市场需求还设计了多种样式的包装形式，如：直开式、带空腔、蝙蝠侠，以及侧翼开等，如图 2.13 所示。加热卷烟异形包装具有独特的设计和形态，能够吸引消费者的眼球，提高产品的市场竞争力，还能为消费者提供更好的使用体验。

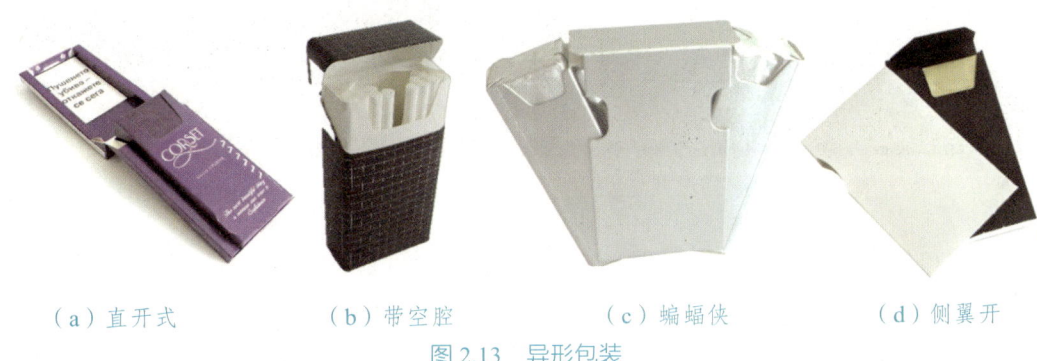

（a）直开式　　　（b）带空腔　　　（c）蝙蝠侠　　　（d）侧翼开

图 2.13　异形包装

第3章 加热卷烟制备工艺概述

加热卷烟制备工艺指将加热卷烟原辅材料预成型为基棒并输送至卷接机组卷制成双倍长烟支，再包装成符合产品设计标准要求的盒装、条装和箱装的过程。该过程通常包含加热卷烟基棒成型、加热卷烟烟支卷制、加热卷烟烟支包装和加热卷烟烟支存储输送四个工序。

3.1 加热卷烟基棒成型工艺

3.1.1 烟芯棒基棒成型工艺

如图 3.1 所示，烟芯棒基棒是加热卷烟的重要组成单元，加热卷烟在抽吸时产生的烟气物质均由该部分产生。加热卷烟烟芯棒基棒中的薄片丝呈现完全有序的排列状态，如图 3.2 所示。不同于传统卷烟滤棒成型工艺所用醋酸纤维丝束，中心加热卷烟烟芯棒基棒因成型工艺所用原材料为加热卷烟专用薄片，需采用滤棒纸质压纹成型工艺进行生产。该工艺过程主要包括压纹和成型两部分，又因采用压皱和切丝两种不同纸质压纹工艺，可分为压皱聚拢成型工艺和切丝聚拢成型工艺两种生产方式。

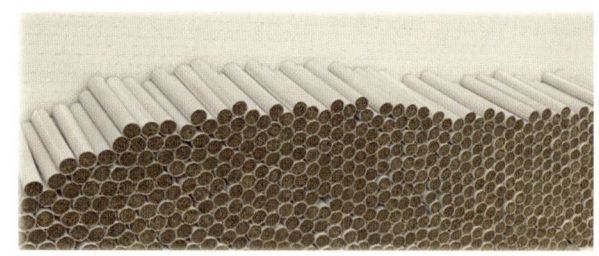

图 3.1 烟芯棒基棒

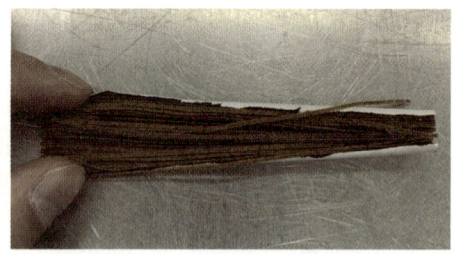

图 3.2 完全有序的烟芯棒基棒

1. 压皱聚拢成型工艺

基于纸质滤棒成型生产工艺（见图 3.3），压皱聚拢成型工艺采用螺纹辊组压纹技术（见图 3.4），将一定幅宽、一定克重的连续片状薄片进行压皱，在片状薄片上形成连续均匀的褶皱。如图 3.5 所示，该工艺过程主要包括卷盘松卷、压纹、滤棒成型和滤棒分切输出四个步骤。加热卷烟专用薄片卷经放卷后，在辊压作用下形成均匀的压痕褶皱；通过聚拢装置预成型棒状烟条，并输送至烟枪入口舌，成型纸涂胶后在烟枪成型通道内将烟条卷制成型；分切装置将成型烟条分切成等长的烟芯棒。

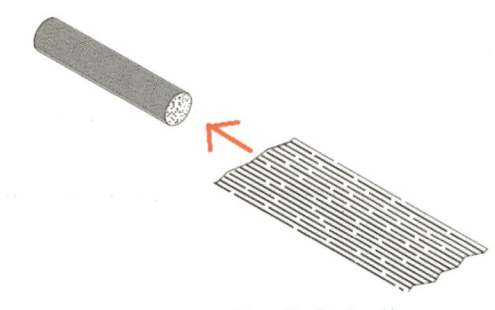

图 3.3　压皱聚拢成型工艺

图 3.4　螺纹辊组压纹技术

2. 切丝聚拢成型工艺

同样基于纸质滤棒成型生产工艺，切丝聚拢成型工艺采用切刀辊组制丝技术（见图 3.6），将通过切刀辊组的连续片状薄片等切为均匀宽度的丝状薄片束（如图 3.7 所示）。该工艺过程主要包括卷盘松卷、薄片压切、滤棒成型和滤棒分切输出四个步骤，如图 3.8 所示。经分切刀组等宽切丝的薄片丝通过补丝装置输送至烟枪，涂胶的成型纸在烟枪成型通道内将薄片丝束卷制成无限长烟条，经分切工序切割为等长的烟芯棒基棒。

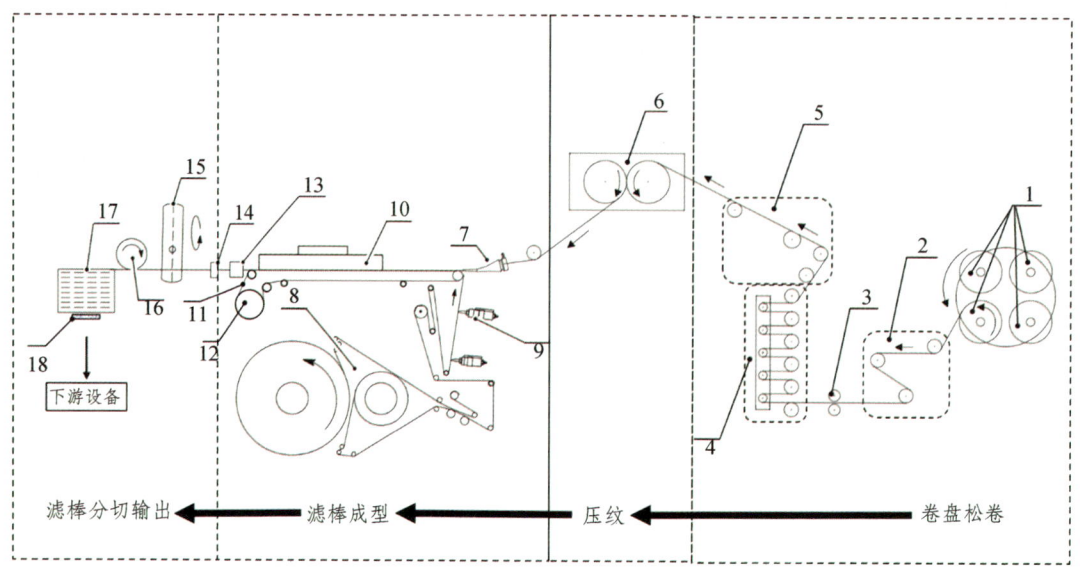

1—片状薄片；2—输送辊；3—检测系统；4—缓存输送；5—导向输送；
6—压纹辊组；7—输送喷嘴；8—成型纸供给系统；9—上胶系统；
10—烟枪成型系统；11—烟枪布带；12—布带驱动轮；13—滤嘴条打条器；
14—测量喷嘴；15—切割装置；16—加速器；17．输出装置；18．滤嘴棒。

图 3.5　压皱聚拢成型工艺流程

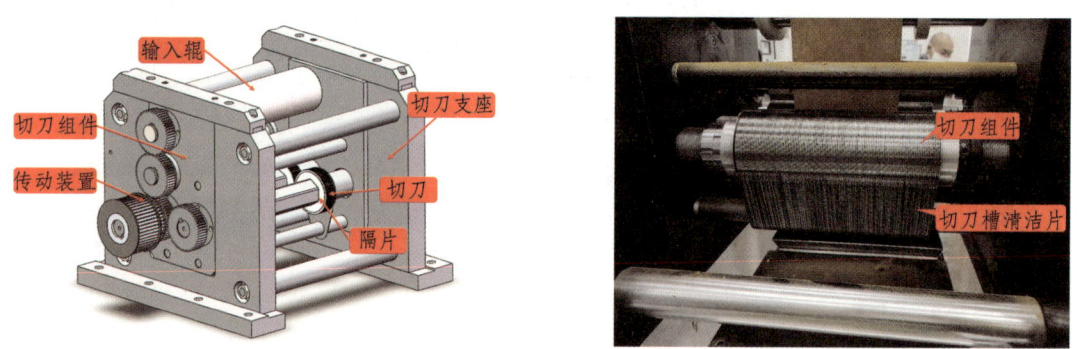

图 3.6　切刀辊组制丝技术

图 3.7　切丝效果

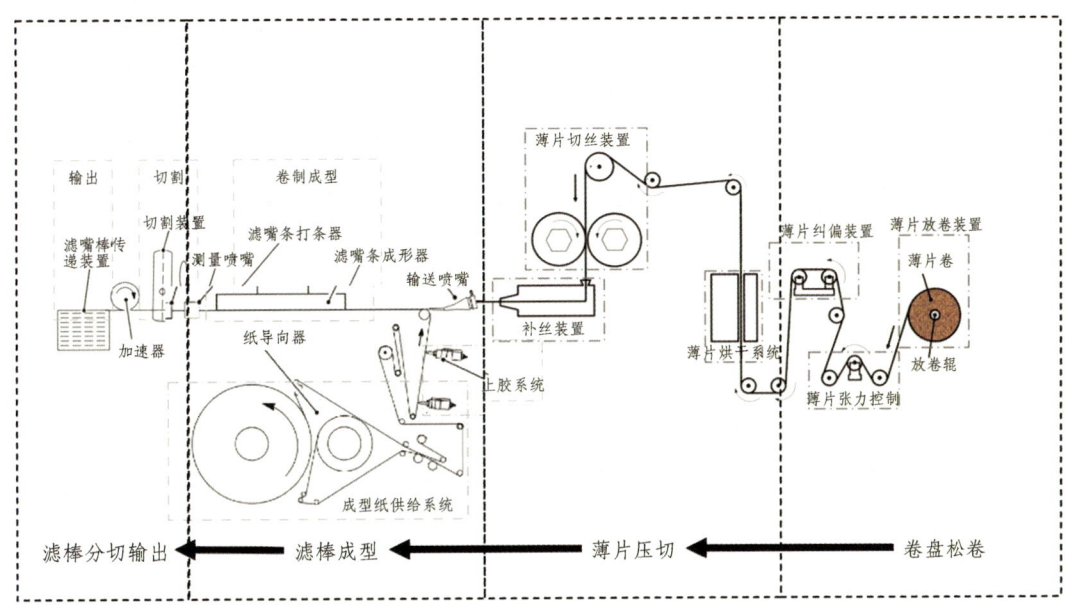

图3.8 切丝聚拢成型工艺流程示意

3.1.2 中空段基棒成型工艺

中空段基棒是加热卷烟烟支的支撑单元,其内部空腔是烟气凝聚形成的重要部位。因此,中空段基棒成型工艺是加热卷烟生产过程中的关键环节。在中空段基棒成型工艺中,丝束经开松和甘油塑化后,在成型单元经吹入的蒸汽快速成型再经冷干空气脱水硬化处理,利用成型单元中的芯轴使滤棒中心产生满足工艺要求的空腔。由于丝束已经在成型过程中获得了足够大的稳定性,所以在中空滤棒的成型工艺中可舍弃用于避免滤嘴条丝束材料在条成型之后发生膨胀的成型纸辅料。根据空腔的成型原理不同,中空段基棒成型工艺可以分为挤压成型工艺和拖拽成型工艺。

1. 挤压成型工艺

挤压成型工艺原理如图3.9所示,丝束经开松机开松、喷涂增塑剂后,输送至烟枪入口舌,通过烟枪中尼龙输送带的挤压作用将丝束输送至烟枪内,配合心轴由高温饱和蒸汽对丝束加热熔融形成中空滤棒,再经消印器对滤棒尼龙带印进行整形后通过压缩空气冷却固化成型,最后分切装置将空腔滤嘴条分切成等长中空滤棒。

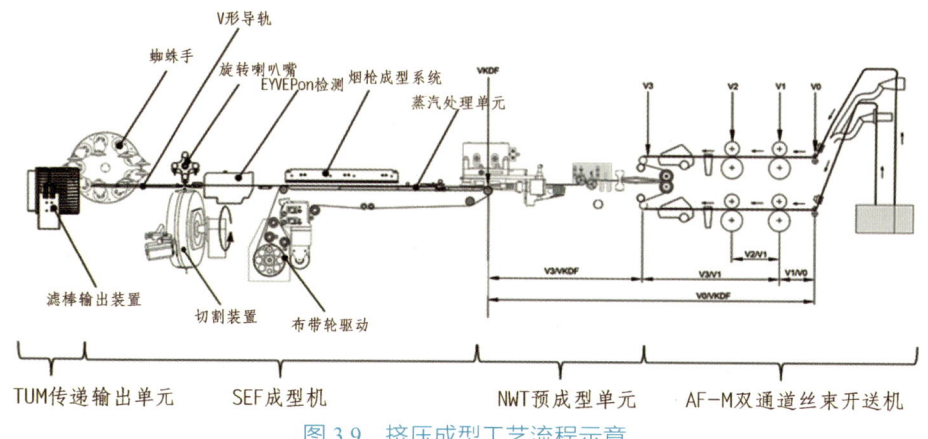

图3.9 挤压成型工艺流程示意

2. 拖拽成型工艺

不同于挤压成型工艺依靠烟枪布带挤压输送滤棒条的方式,拖拽成型工艺通过中空成型装置中的饱和蒸汽喷嘴产生的拖力输送滤棒条,如图3.10所示。经开松和增塑剂塑化后的丝束在预成型单元被过热蒸汽快速成型,再经冷干空气脱水硬化处理,利用心轴使滤棒中心产生满足工艺要求的空腔。切割装置将滤棒分切成满足工艺要求的长度。相比挤压成型工艺,拖拽工艺所生产的滤棒表面光滑均匀,且无布带压痕,如图3.11所示。

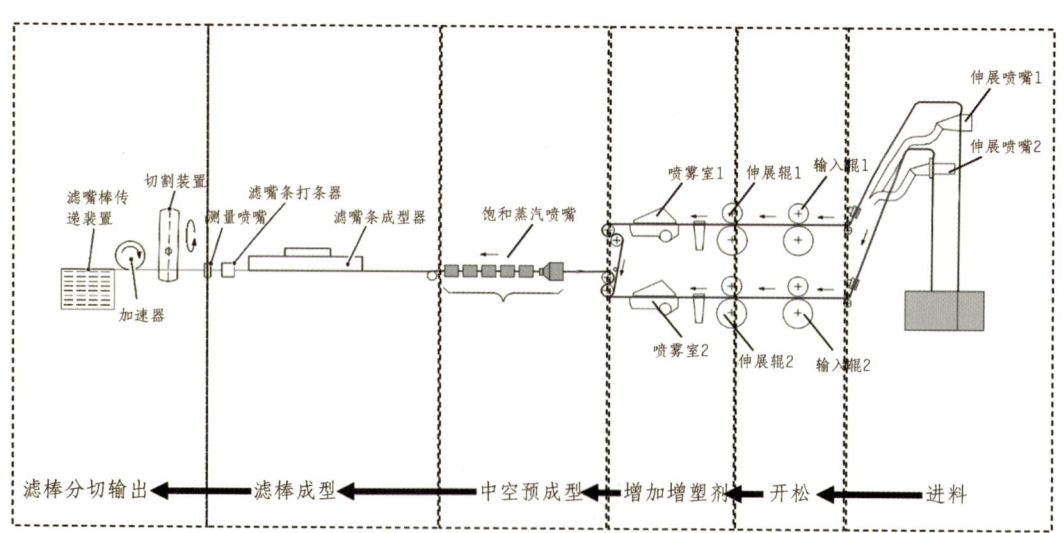

图3.10 拖拽成型工艺流程示意

图 3.11　挤压成型工艺中空滤棒与拖拽成型工艺中空滤棒对比

3.1.3　降温棒基棒成型工艺

降温棒基棒生产所使用的原料为聚乳酸薄膜，降温棒基棒内部包裹的聚乳酸膜呈均匀、有序排列以保证烟气的降温效果。因此，同烟芯棒压皱聚拢成型工艺类似，降温棒基棒成型工艺同样基于纸质滤棒成型工艺进行开发，如图 3.12 所示。通过螺纹辊组对聚乳酸膜进行辊压（见图 3.13），形成轴向均匀分布的压痕（见图 3.14），便于褶皱聚拢成型，确保聚乳酸膜形成均匀压痕且不损伤聚乳酸膜降温特性和结晶形态。

3.1.4　过滤棒基棒成型工艺

如图 3.15 所示，过滤棒是加热卷烟中过滤烟气杂质的单元，位于加热卷烟的唇端位置，采用醋纤丝束为原料卷制而成。如图 3.16 所示，其成型工艺与传统卷烟醋纤滤棒成型工艺并无差别，可使用传统滤棒成型机对开松后的丝束施加增塑剂（三乙酸甘油酯）进行塑化定型，再经滤棒成型纸包裹成型，最后分切为符合工艺要求的长度。

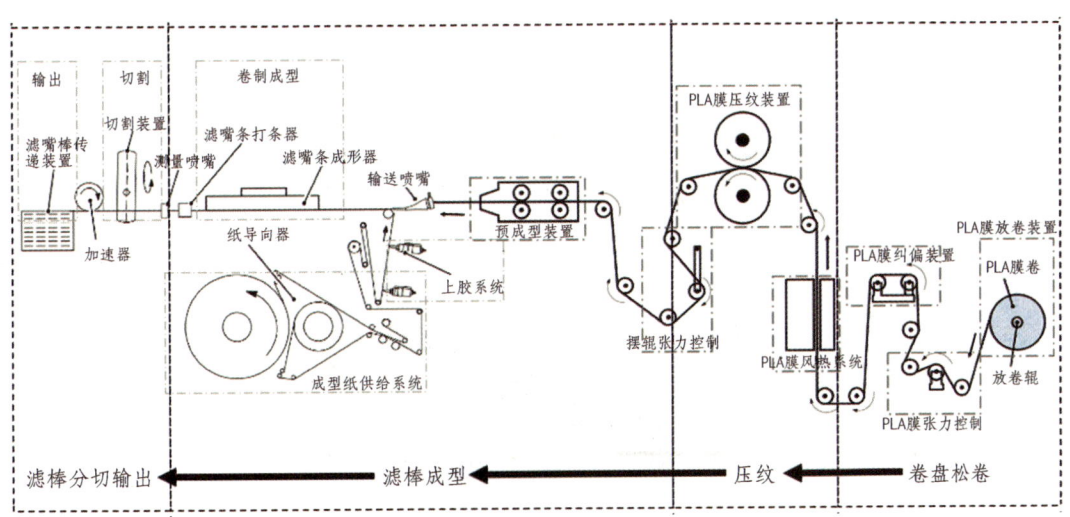

图 3.12　降温棒基棒成型工艺流程示意

 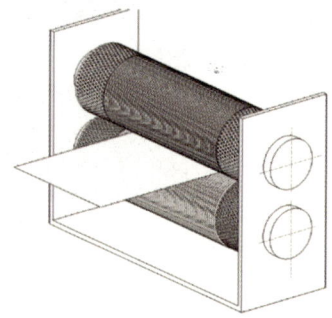

图 3.13 螺纹辊组压纹装置及结构

（a）压纹前　　　　　　　　　（b）压纹后

图 3.14 聚乳酸薄膜（PLA）压纹效果

图 3.15 过滤棒基棒

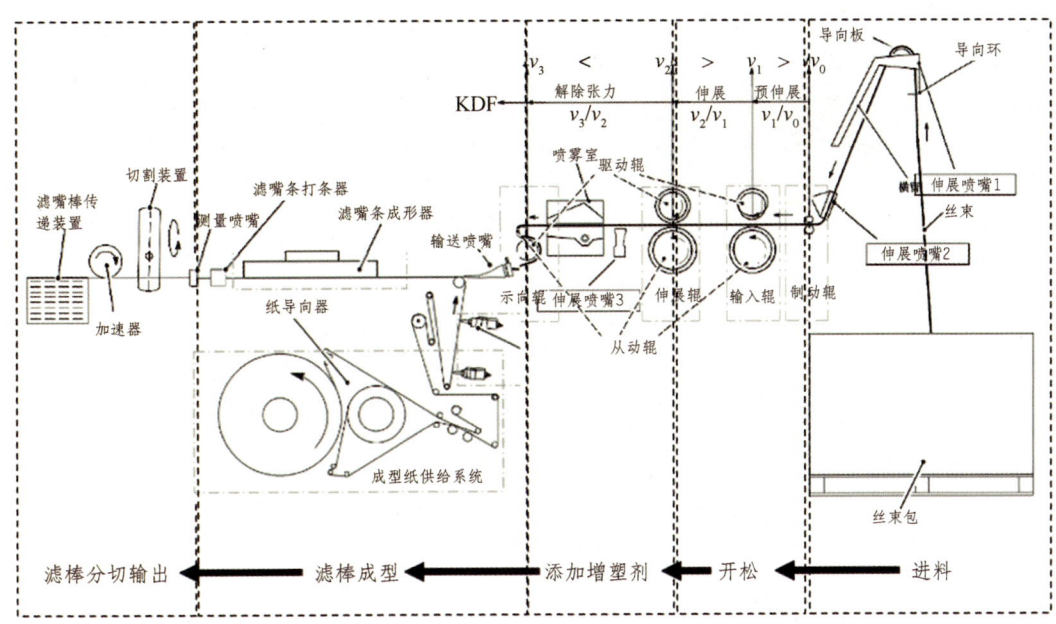

图 3.16 过滤棒基棒成型工艺流程示意

3.2 加热卷烟烟支卷制工艺

加热卷烟烟支卷制工艺是指将符合工艺要求的原辅材料按照产品标准制造成加热卷烟烟支的过程。根据生产步骤的不同可分为"2+2"烟支卷制工艺、"3+1"烟支卷制工艺和"4×1"烟支卷制工艺。类似于传统卷烟烟支和复合滤棒卷制工艺，加热卷烟烟支卷制工艺通常也包含棒段复合、烟支成型、烟支接装纸搓接分切三个工艺过程。从烟支结构上看，加热卷烟各棒段在物理特性方面与传统卷烟差异不大，加热卷烟的卷接工艺路线可类比传统卷烟和复合滤棒进行设计。

3.2.1 "2+2"烟支卷制工艺

类比传统卷烟烟支结构，如图 3.17 所示，可将加热卷烟烟支结构分为滤嘴烟支和二元复合滤棒两个部分，则可将四个棒段中的过滤棒和降温棒视为二元复合滤棒，烟芯棒和中空棒则可视为滤嘴烟支。因此，可以采用先将四种功能棒段进行两两复合成型，再将生产出来的复合功能棒（滤嘴烟支和二元复合滤棒）以接装成型的方式制成加热卷烟。由于"2+2"烟支卷制工艺各步骤主要由传统卷烟卷制工艺组合而成，"2+2"烟支卷制工艺成为国内烟草企业在加热卷烟初期研发阶段的主流生产工艺，可快速高效地运用于加热卷烟的生产。

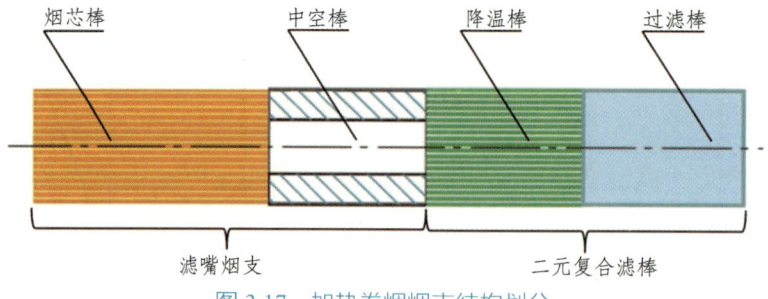

图 3.17　加热卷烟烟支结构划分

如图 3.18 所示，"2+2" 烟支卷制工艺可分为以下三个步骤：① 先将过滤棒和降温棒、烟芯棒和中空棒分别进行二元复合成型；② 再将滤嘴烟支和二元复合滤棒接装为双倍长加热卷烟烟支；③ 最后将双倍长加热卷烟烟支分切为成品加热卷烟。

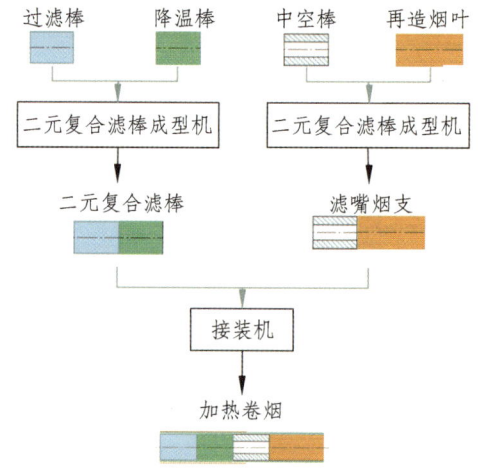

图 3.18　"2+2" 烟支卷制工艺原理

类似传统卷烟，采用 "2+2" 烟支卷接工艺所生产的单倍长烟支结构如图 3.19 所示。由于该双倍长烟支采用接装机对二元复合滤棒和滤嘴烟支进行接装而成，烟芯棒通常有一层卷烟纸和一层成型纸包裹，接装纸则会覆盖至中空棒段区域。

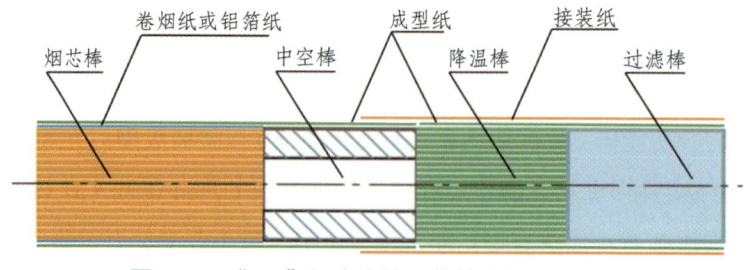

图 3.19　"2+2" 烟支卷接工艺单倍长烟支结构

对于"2+2"烟支卷制工艺，参考传统卷烟生产设备方案，各烟草企业通常采用二元复合滤棒成型机组，搭配接装机的技术路线来实现成品加热卷烟的生产。选用线性复合成型或轮系复合成型工艺的二元复合滤棒成型机预先将过滤棒、降温棒、烟芯棒和中空棒进行二元复合成型，再通过接装机将复合烟芯棒和二元复合滤棒接装为双倍长加热卷烟烟支，并分切为成品加热卷烟。

3.2.2 "3+1"烟支卷制工艺

相比"2+2"烟支卷制工艺，"3+1"烟支卷制工艺与传统卷烟接装工艺最为接近，是国内外各烟草企业首选的技术路线。目前，适用于工业化生产的"3+1"卷制工艺共2种，按接装的棒段组合不同可分为"（过滤棒＋降温棒＋中空棒）+（烟芯棒）"卷接工艺和"（过滤棒）+（降温棒＋中空棒＋烟芯棒）"卷接工艺。

1. "（过滤棒＋降温棒＋中空棒）+（烟芯棒）"卷接工艺简介

类比传统卷烟烟支结构，如图 3.20 所示，可将加热卷烟烟支结构分为滤棒和烟支两个部分，则可将四个棒段中的过滤棒、降温棒、中空棒棒为滤棒，烟芯棒则可视为烟支。因此，在加热卷烟卷接生产的过程中，可以采用类似传统卷烟滤棒接装的方法，先将过滤棒、降温棒、中空棒复合为三元复合滤棒，再将该三元复合滤棒与烟芯棒进行接装。

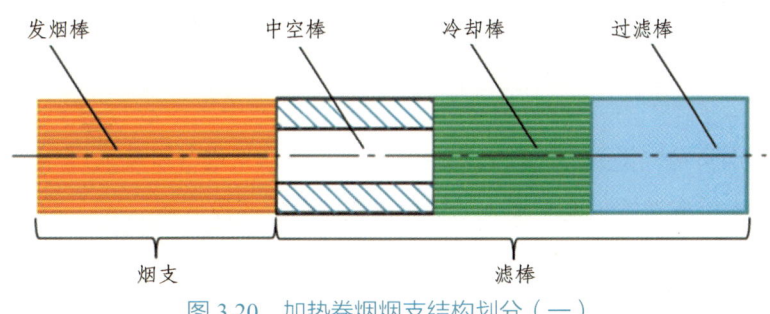

图 3.20 加热卷烟烟支结构划分（一）

如图 3.21 所示，"（过滤棒＋降温棒＋中空棒）+（烟芯棒）"卷接工艺可分为以下 3 个步骤：① 分别进行过滤棒、降温棒、中空棒和烟芯棒共 4 种基棒的卷制；② 利用三元复合滤棒成型机将过滤棒、降温棒和中空棒进行复合，卷制为三元复合滤棒；③ 利用接装机将三元复合滤棒和烟芯棒接装并分切为单倍长加热卷烟烟支。

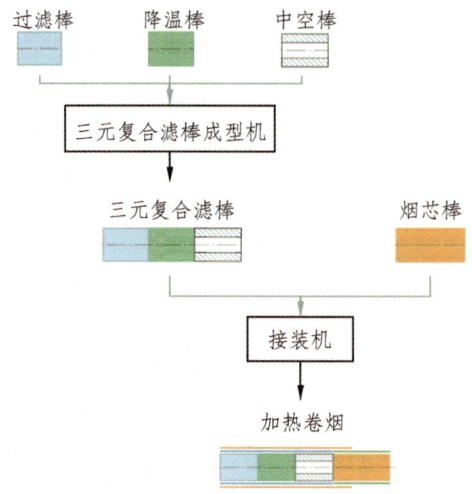

图 3.21 "（过滤棒＋降温棒＋中空棒）＋（烟芯棒）"卷接工艺原理

类似传统卷烟，采用"（过滤棒＋降温棒＋中空棒）＋（烟芯棒）"卷接工艺所生产的单倍长烟支结构如图 3.22 所示。由于该双倍长烟支采用接装机对三元复合滤棒和烟芯棒进行接装而成，烟芯棒通常只有一层卷烟纸包裹，接装纸则会覆盖至烟芯棒段区域。

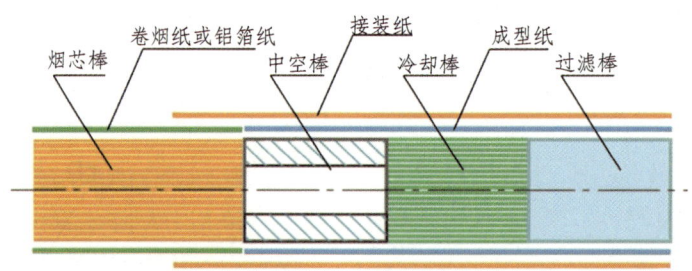

图 3.22 "（过滤棒＋降温棒＋中空棒）＋（烟芯棒）"卷接工艺单倍长烟支结构

2. "（过滤棒）＋（降温棒＋中空棒＋烟芯棒）"卷接工艺

如图 3.23 所示，类比"（过滤棒＋降温棒＋中空棒）＋（烟芯棒）"卷接工艺，也可将四个棒段中的过滤棒视为滤棒，烟芯棒、中空棒、降温棒视为烟支。因此，在加热卷烟卷接生产的过程中，可以先将烟芯棒、中空棒、降温棒复合为三元复合烟支，再将三元复合烟支与过滤棒进行接装。

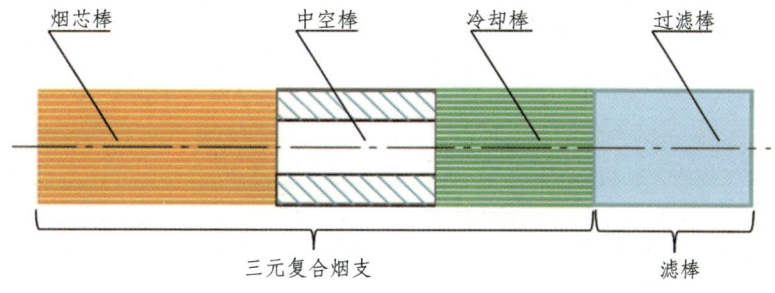

图 3.23 加热卷烟烟支结构划分（二）

如图 3.24 所示，"（过滤棒）+（降温棒＋中空棒＋烟芯棒）"卷接工艺可分为以下 3 个步骤：① 分别进行过滤棒、降温棒、中空棒和烟芯棒共 4 种基棒的卷制；② 利用三元复合滤棒成型机将降温棒、中空棒和烟芯棒进行复合，卷制为三元复合烟支；③ 利用接装机将三元复合烟支和过滤棒接装并分切为单倍长加热卷烟烟支。

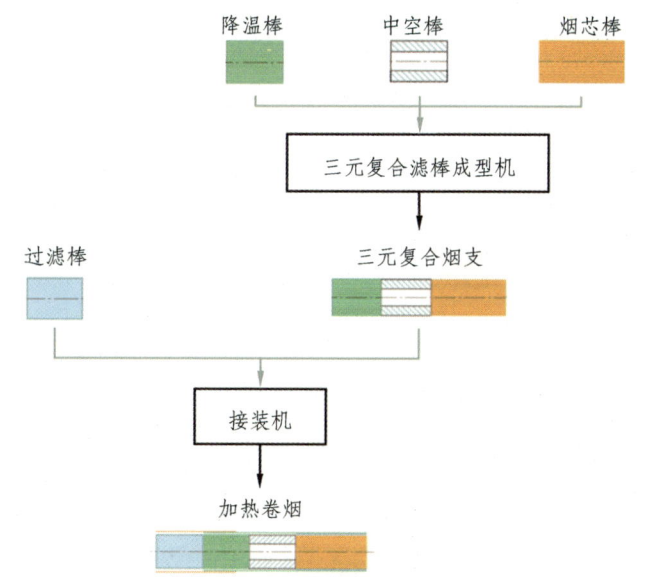

图 3.24 "（过滤棒）+（降温棒＋中空棒＋烟芯棒）"接装工艺原理

不同于传统卷烟，采用"（过滤棒）+（降温棒＋中空棒＋烟芯棒）"卷接工艺所生产的单倍长烟支结构如图 3.25 所示。由于该双倍长烟支采用接装机对三元复合烟支和过滤棒进行接装而成，烟芯棒外侧会包裹一层卷烟纸和一层成型纸，接装纸则只会覆盖至降温棒段区域。

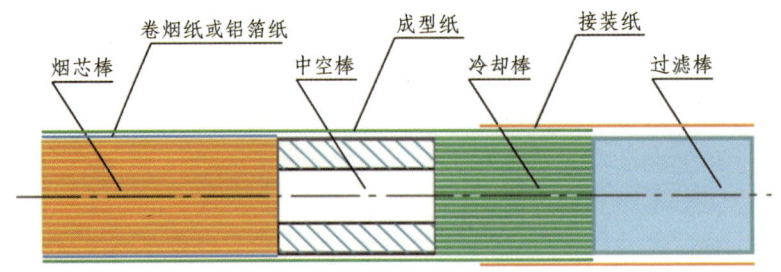

图 3.25 "（过滤棒）+（降温棒+中空棒+烟芯棒）"接装单倍长烟支规格

3.2.3 "4×1"烟支复合工艺

参考复合滤棒成型工艺，红塔集团玉溪卷烟厂凭借自身多年的创新品类开发经验，开发了一套基于棒段复合工艺的"4×1"加热卷烟烟支复合工艺。如图 3.26 所示，根据加热卷烟烟支结构，可将加热卷烟视为四元复合滤棒。因此，可以采用四元复合滤棒成型工艺将四种功能棒段一次复合成型为双倍长加热卷烟，再将双倍长加热卷烟包裹接装纸并进行烟支切割、调头、排齐，即可生产出加热卷烟烟支。

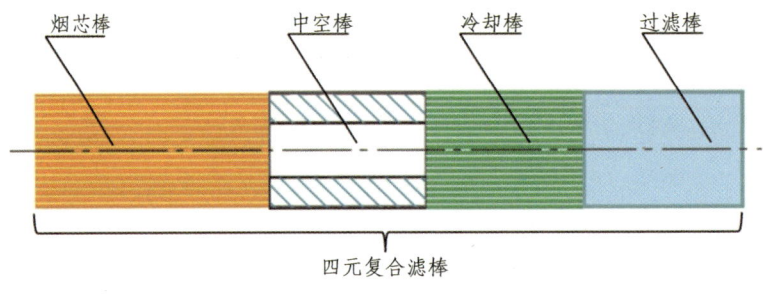

图 3.26 加热卷烟烟支结构

如图 3.27 所示，该工艺主要分为 2 步：① 利用四元复合滤棒成型机组将预先生产的降温棒、烟芯棒、降温棒和中空棒进行复合，生产四元复合烟支；② 利用接装机包裹接装纸并进行烟支切割、调头、排齐，生产出加热卷烟烟支。

采用"4×1"烟支复合工艺所生产的单倍长烟支结构如图 3.28 所示。由于该双倍长烟支采用四元复合滤棒成型工艺一次复合成型，而后通过接装机对四元复合烟支进行接装纸包裹，烟芯棒通常有一层卷烟纸和一层成型纸包裹，接装纸仅覆盖至降温棒区域起商标装饰作用。

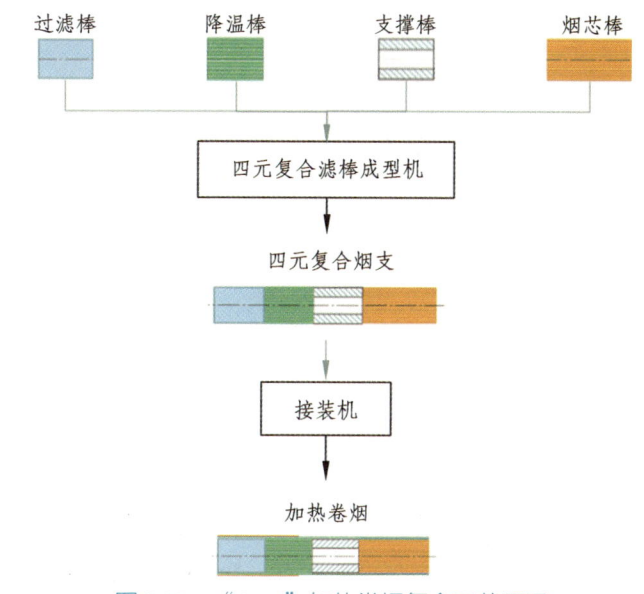

图 3.27 "4×1" 加热卷烟复合工艺原理

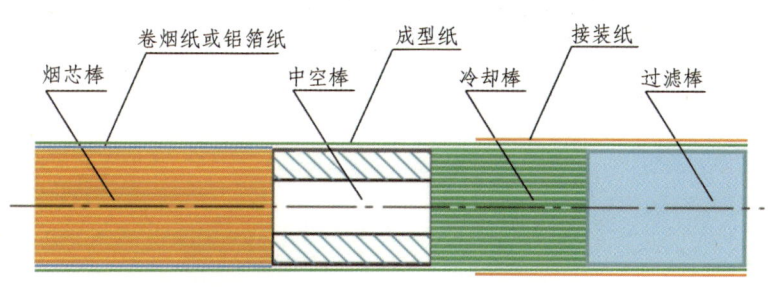

图 3.28 "4×1" 加热卷烟复合工艺单倍长烟支结构

3.3 加热卷烟烟支包装工艺

加热卷烟烟支包装工艺主要由小盒包装工艺、小盒透明纸包装工艺和条盒及条盒透明纸包装工艺三个部分组成。如图 3.29 所示，小盒包装工艺需根据小盒规格要求完成小盒 5-5 双排烟支、内衬纸、附券、框架纸、小盒商标纸五部分的包装。如图 3.30 所示，条盒及条盒透明纸包装工艺需将 10×1 立式排列的小盒分别用条盒商标和条盒透明纸进行 U 形包裹。其包装工艺按照内衬纸、商标、透明纸包装方式可分为直包和横包两种工艺。如图 3.31 所示，直包工艺中内衬纸、商标、透明纸的折叠方向与烟支方向平行；在横包工艺中，内衬纸、商标、透明纸的折叠方向与烟支方向垂直。

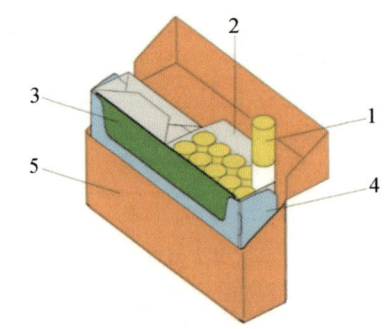

1—烟支；2—内衬纸；3—附券；4—框架纸；5—小盒商标纸。

图 3.29　小盒包装规格

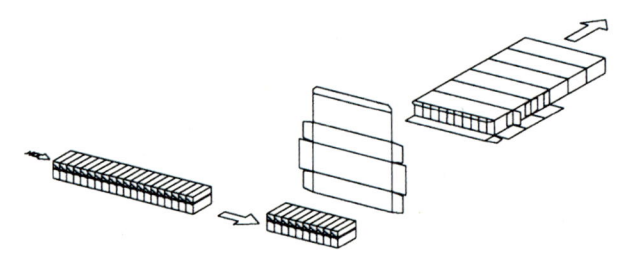

图 3.30　条盒 10×1 立式包装工艺原理

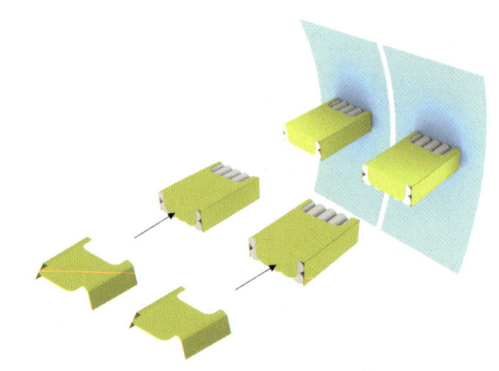

图 3.31　小盒内衬直包工艺原理

3.3.1　小盒包装工艺

如图 3.32 所示，在小盒包装工艺中，烟支经下烟通道落至烟支整理转塔，与定长的内衬纸输送至双内包成型通道，采用直包的方式在双内包成型通道内完成内衬纸的双内包包装。根据烟支规格及包装形式，制定的小盒包装辅料模切图如图 3.33 所示。

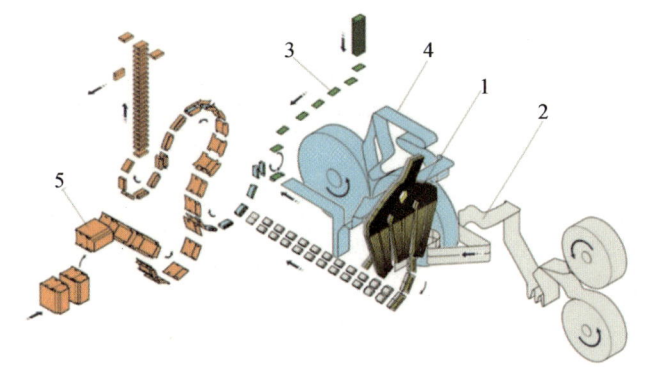

1—烟支；2—内衬纸；3—附券；4—框架纸；5—小盒商标纸。

图 3.32　小盒包装工艺流程

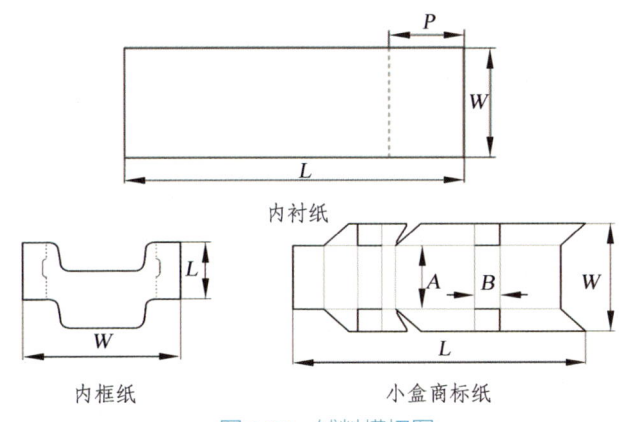

图 3.33　辅料模切图

3.3.2　小盒透明纸包装工艺

如图 3.34 所示，小盒透明纸包装工艺由小盒包装工序输送过来的烟包在输送通道上，采用直包的方式与被裁切成定长的透明纸包裹，在成型轮的旋转中完成烟包的透明纸包装。根据小盒规格及包装形式，制定的小盒透明纸包装辅料模切图如图 3.35 所示。

3.3.3　条盒及条盒透明纸包装工艺

如图 3.36 所示，由小盒透明纸包装工序输送过来的有透明纸包裹的烟包在输送通道上按照 10×1 进行分组排列。在输送过程中，条盒商标纸呈 U 形依次将 10×1 组合的小盒进行包装。之后，经定长切割的条盒透明纸对条盒再次进行 U 形包裹，经折叠、烫封成型、六面整容后输出为完整的条盒包装。根据条盒规格及包装形式，制定的条盒包装辅料模切图如图 3.37 所示。

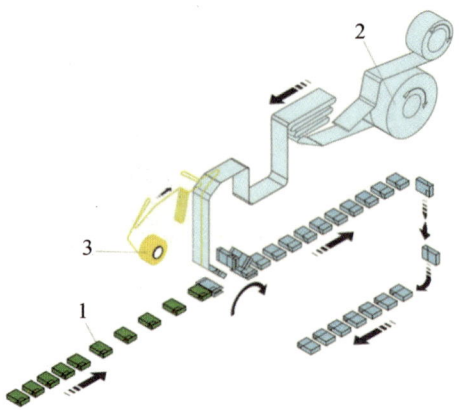

1—烟包；2—小盒透明纸；3—拉线。
图 3.34　小盒透明纸直包工艺

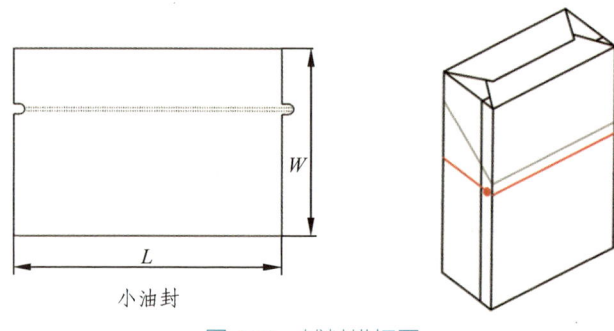

小油封

图 3.35　辅料模切图

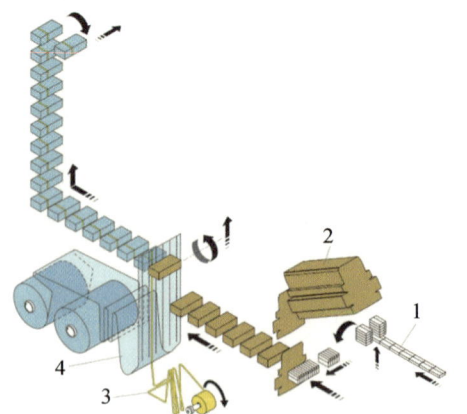

1—烟包；2—条盒商标纸；3—拉线；4—条盒透明纸。
图 3.36　条盒及条盒透明纸包装工艺

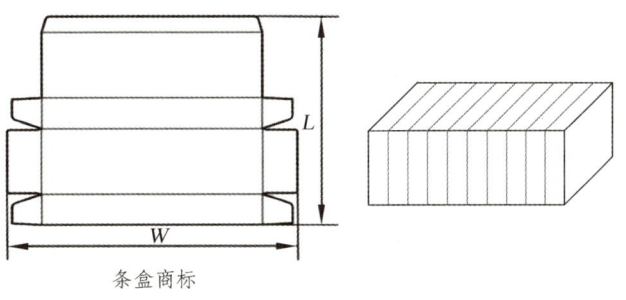

条盒商标

图 3.37　辅料模切图

3.4　加热卷烟烟支存储输送工艺

在传统卷烟生产中，为实现上下游生产速度的匹配，通常会采用卷烟存储输送装置连接上下游生产设备。先进先出、后进先出、随机出库是传统卷烟存储输送装置的常用工艺。由于加热卷烟在生产中受生产环境温湿度影响较大的原因，加热卷烟存储输送多选用后进先出（LIFO）和先进先出（FIFO）两种存储输送工艺。

3.4.1　后进先出存储输送工艺

如图 3.38 所示，基于"后缓存的先发出"的存储输送原则，当进行加热卷烟缓存时，由存储器入口端依次存储来自上游设备的加热卷烟；而在加热卷烟输出时，最靠近存储器出口端的加热卷烟依次输出至下游设备。所以，对于大部分加热卷烟生产线来说，因下游设备生产速度和运行效率相比上游生产设备较高，一般选择后进先出存储输送工艺，从而使存储器内所消耗的加热卷烟数量与下游设备当前消耗的数量相匹配。

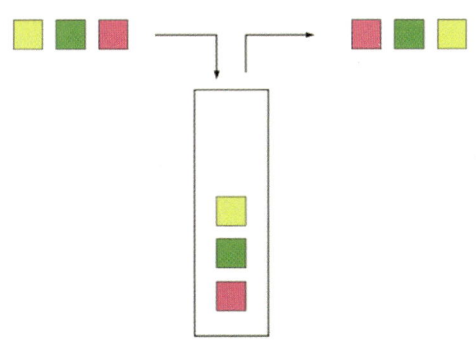

图 3.38　后进先出存储输送工艺流程

3.4.2　先进先出存储输送工艺

如图 3.39 所示，根据"先入库先发出"的原则，在存储队列中将生产时间靠前的加热卷烟存储在后收进的加热卷烟的前面，以确保生产时间靠前的加热卷烟优先向下游设备输送的存储输送方式。

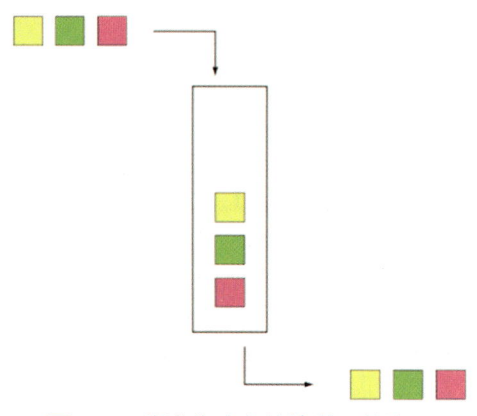

图 3.39　先进先出存储输送工艺流程

先进先出存储输送工艺可确保进入下游设备的加热卷烟受环境温湿度影响最小，确保加热卷烟的新鲜度，但该工艺过程相对烦琐，特别对于加热卷烟这类缓存进出频繁的生产工艺更是如此。

第4章 加热卷烟制备设备概述

4.1 加热卷烟基棒成型设备

4.1.1 加热卷烟基棒成型设备原理

1. 丝材基棒成型设备原理

丝材基棒成型设备是将二醋酸纤维丝束进行开松、喷涂增塑剂预收拢成束后输入滤棒成型机,将其卷制成条状后再切割成所需长度的基棒段。从丝束制成滤棒,加工工艺主要分为开松喷涂增塑剂和成型分切两大部分,分别由开松机和成型机完成其工艺任务。丝材基棒成型设备的结构与传统滤棒成型机组基本相同,加热卷烟丝材基棒成型工艺流程如图4.1所示。

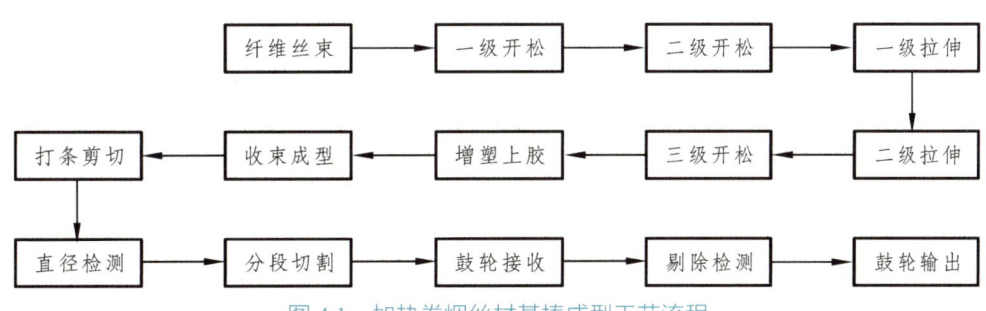

图 4.1 加热卷烟丝材基棒成型工艺流程

2. 片材基棒成型设备原理

片材基棒成型设备原理是将烟草薄片或 PLA 辅材(卷盘形式)进行辊压、褶皱预收拢成束后输入滤棒成型机,将其制成条状后再切割成所需长度的基棒段。在设计基棒成型系统时需要着重考虑不同辅料开卷张力、设备辅料更续、皱压收束调节及对接滤棒成型机等几个方面,加热卷烟片材基棒成型工艺流程如图4.2所示。

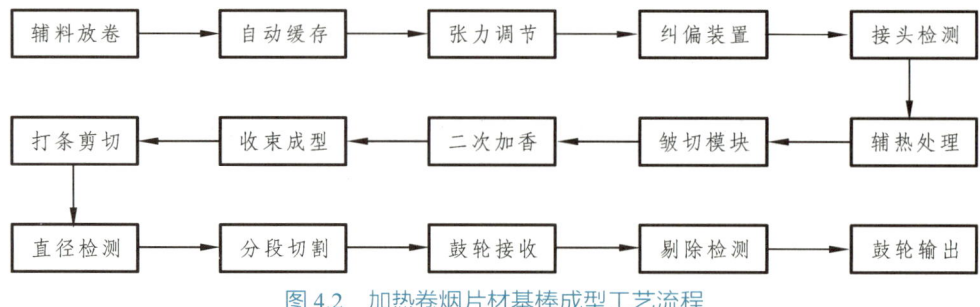

图 4.2　加热卷烟片材基棒成型工艺流程

4.1.2　加热卷烟基棒成型设备方案

目前，可直接应用于加热卷烟基棒工业化生产的主流设备方案如表 4.1 所示。基于压皱聚拢成型工艺的完全有序烟芯棒基棒 / 降温棒基棒成型设备多选用意大利 Montrade 公司研制的 Mono IST 滤棒成型机组，基于切丝聚拢成型工艺的完全有序烟芯棒基棒成型设备多选用许昌烟机研制的 ZL62 滤棒成型机组，基于传统卷烟成型工艺的无序 / 混序烟芯棒基棒成型设备多选用意大利 G.D. 公司研制的 SMK 卷烟机组，基于挤压成型工艺的支承段基棒成型设备多选用德国柯尔柏集团研制的 KDF m 滤棒成型机组，基于拖拽成型工艺的支承段基棒成型设备多选用德国柯尔柏集团研制的 KDF mAGIC 滤棒成型机组，基于传统滤棒成型工艺的过滤棒基棒成型设备多选用德国柯尔柏集团研制的 KDF 6-LEAD 滤棒成型机组。

表 4.1　加热卷烟基棒工业化生产的主流设备

基棒类型	成型原理	成型工艺	设备名称	制造商
完全有序烟芯棒	片材	压皱聚拢成型	Mono IST	意大利 MONTRADE
			ZL62	许昌烟机
		切丝聚拢成型	SCM	德国柯尔柏
无序 / 混序烟芯棒	片材	传统卷烟成型	SMK	意大利 G.D.
中空棒	丝材	挤压成型	KDF m	德国柯尔柏
		拖拽成型	KDF mAGIC	德国柯尔柏
降温棒	片材	压皱聚拢成型	Mono IST	意大利 MONTRADE
			ZL62	许昌烟机
过滤棒	丝材	传统滤棒成型	KDF 6-LEAD	德国柯尔柏

4.1.3 加热卷烟基棒成型设备简介

1. 完全有序烟芯棒/降温棒基棒成型设备简介

1）MONO IST 滤棒成型机组

MONO IST 滤棒成型机组（见图 4.3）是意大利 Montrade 公司研制的纸质滤棒成型设备，配合设备独有的卷曲辊设计及可调节的卷曲比功能，有效的保证了基于压皱聚拢成型工艺的降温棒基棒或完全有序烟芯棒基棒的生产质量。配合烟芯基材机械手换料装置，可构建一条完整的烟芯基棒和降温基棒自动化生产线。

图 4.3　MONO IST 滤棒成型机组

其工作原理如图 4.4 所示，伺服电机驱动盘状放卷装置主动释放烟草薄片卷（1），盘卷直径检测系统实时监测盘卷直径并控制盘状放卷装置旋转，拼接装置实现新、旧盘卷的拼接和持续生产，烟草薄片卷通过拼接输送辊组（2）控制烟草薄片卷释放速度，经检测系统（3）进入缓存输送区（4）进行烟草薄片缓存。导向输送（5）辊组持续输送烟草薄片，经压切辊组（6）将烟草薄片压切成等宽的烟草薄片丝，并通过导向轮居中进入输送喷嘴（7）。输送喷嘴（7）将来自上游设备的薄片丝收拢并输送至烟枪入口舌，成型纸供给系统（8）持续供给成型纸经过上胶系统（9）进行涂胶，并在烟舌入口处与薄片丝汇合，在烟枪成型系统（10）的作用下，成型纸将薄片丝逐渐包裹形成连续密封的烟芯棒基棒条，布带驱动轮（12）驱动烟枪布带（11）拉动烟芯基棒条，经滤嘴条打条器（13）和测量喷嘴（14）进入烟芯基棒条割装置（15）的喇叭嘴中，刀盘带动切刀经与喇叭嘴配合将烟芯基棒条分切成等长的烟芯基棒，经切割后的烟芯基棒依靠惯性运动穿过 V 形导轨到达加速器（16），再由加速器（16）拾取并加速输送至输出装置（17），输送到下游设备。

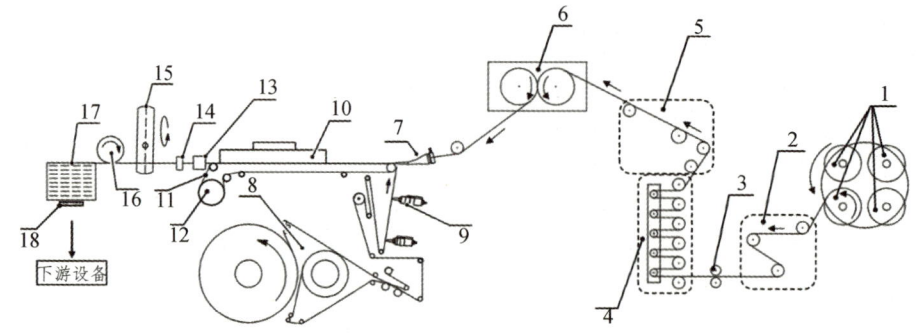

1—烟草薄片卷；2—拼接输送辊；3—检测系统；4—缓存输送；5—导向输送；
6—压切辊组；7—输送喷嘴；8—成型纸供给系统；9—上胶系统；10—烟枪成型系统；
11—烟枪布带；12—布带驱动轮；13—滤嘴条打条器；14—测量喷嘴；15—切割装置；
16—加速器；17—输出装置；18—滤嘴棒。

图 4.4 MONO IST 滤棒成型机组工作原理

该机组具有以下主要技术特点：

（1）Mono IST 可提供完整的自动化生产线，包括机器人辅助的卷盘处理，提高了生产过程的效率和精确性。

（2）通过人机界面（HMI）可调整压纹比率，允许在生产过程中进行精确控制。

（3）Mono IST 与其他纸质滤棒成型机组相比，可节省多达 20% 的材料。

2）ZL62 滤棒成型机组

ZL62 滤棒成型机组（见图 4.5）是许昌烟机采用"平台+模块化"研发方式，在 ZL26C 平台上开发的一种用于生产加热卷烟完全有序烟芯棒基棒和降温棒基棒的成型设备，适配烟芯棒、冷却段基棒辅料为片材卷盘，最大卷盘直径 600 mm，标准卷芯 76 mm，最大辅料宽度 300 mm。该机组由 YL52 型切纸压皱机和 YL62 型滤棒成型机组成。

图 4.5 ZL62 滤棒成型机组

其主要技术特点为：① 辅料供给采用主动放卷、静态拼接方式，配置张力调节和卷盘直径检测系统，设备运行稳定可靠。预留棒条加香工艺位置，可实现在线自动加香功能；② 如图4.6所示，压皱机构采用曲柄滑块进行压紧，间隙恒定，在线可调，褶切质量稳定，适应多种原辅材料；③ 电控系统采用西门子S7-1516T型PLC、西门子SIMOTION伺服、PROFINET现场总线，具备烟丝薄片质量检测、褶切效果在线调整等功能。

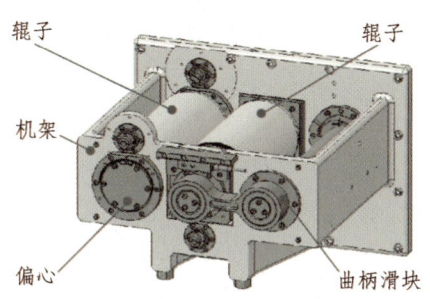

图4.6　压皱机构

其主要技术参数如下：

（1）额定生产能力：烟芯棒基棒150 m/min，降温棒基棒200 m/min；

（2）滤棒直径：ϕ5.1 ~ 8.0 mm。

（3）滤棒长度：60 ~ 150 mm。

（4）有效运行率：≥ 85%。

其工作原理如图4.7所示，伺服电机驱动放卷装置主动释放烟草薄片卷（1），盘卷直径检测系统实时监测盘卷直径并控制拼接装置（2）实现新、旧盘卷的拼接和持续生产，薄片通过张力控制装置（3）控制薄片释放速度，进入静态拼接缓存输送辊组（4）进行薄片缓存。导向输送（5）辊组持续输送薄片，经双层材料检测装置（6）进入加热器（7）进行薄片预热，曲柄滑块机构控制压切辊组（8）进行薄片压皱，经纠偏装置（9）居中进入输送喷嘴（10）。输送喷嘴（10）将来自压切机的薄片收拢并输送至烟枪入口舌，成型纸供给系统（11）持续供给成型纸经过上胶系统（12）进行涂胶，并在烟舌入口处与薄片汇合，在烟枪成型系统（15）的作用下，成型纸将薄片逐渐包裹形成连续密封的烟芯基棒条，布带驱动轮（14）驱动烟枪布带（13）拉动烟芯基棒条，经滤嘴条打条器（16）和测量喷嘴（17）进入滤棒切割装置（18）的喇叭嘴中，刀盘带动切刀经与喇叭嘴配合将烟芯基棒条分切成等长的烟芯基棒。经切割后的烟芯基棒依靠惯性运动穿过V形导轨到达加速器（19），再由加速器（19）拾取并加速输送至输出装置（20），输送给下游设备。

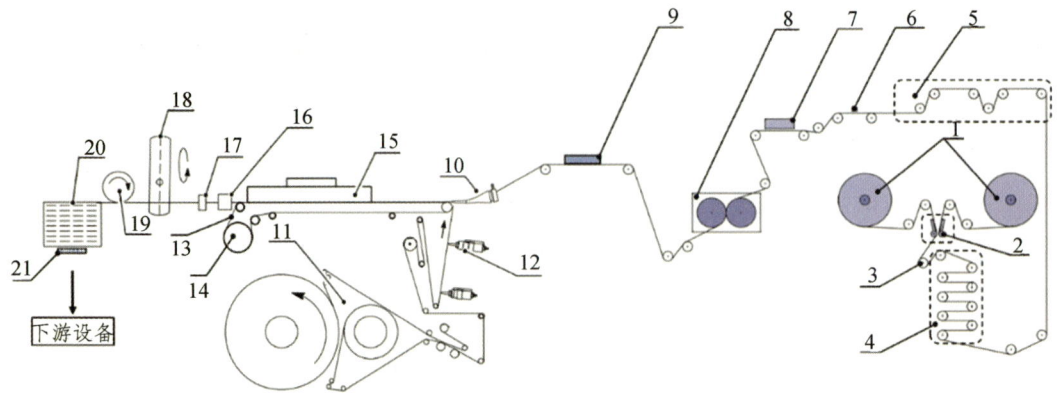

1—烟草薄片；2—拼接装置；3—张力控制装置；4—缓存输送辊组；5—导向输送；
6—双层材料监测；7—加热器；8—压切辊组；9—纠偏装置；10—输送喷嘴；
11—成型纸供给系统；12—上胶系统；13—烟枪布带；14—布带驱动轮；
15—烟枪成型系统；16—滤嘴条打条器；17—测量喷嘴；18—切割装置；
19—加速器；20—输出装置；21—烟芯基棒。

图 4.7 ZL26 滤棒成型机工作原理

3）SCM 滤棒成型机组

SCM（Strip-Cut-Maker）滤棒成型机组（见图 4.8）是一款由德国柯尔柏集团（原德国豪尼集团）研发的完全有序烟芯棒基棒成型设备，生产速度最高可达 200 m/min，现有切割宽度为 0.8 ~ 2 mm。该机组由切条机和 SEF 5 滤棒成型机两部分组成。

图 4.8 SCM 滤棒成型机组

其主要技术参数如下：

（1）额定生产能力：200 m/min；

（2）滤棒直径：$\phi 6.0 \sim 8.5$ mm；

（3）滤棒长度：60 ~ 150 mm；

（4）切割宽度：0.8～2 mm；

（5）有效运行率：≥85%。

其工作原理如图 4.9 所示，伺服电机驱动放卷装置主动释放烟草薄片卷（1），拼接装置（2）控制新、旧盘卷的拼接，实现持续生产，薄片通过送料辊组（3）进入静态拼接缓存输送辊组（4）进行薄片缓存。张力调节装置（5）调节缓存区域控制盘卷释放速度，经送料辊组（6）进入边缘控制系统，促使薄片居中进入切割单元（8）将薄片压切成褶皱薄片，通过输送辊组（9）导入输送喷嘴（10）。输送喷嘴（10）将来自切条机的薄片收拢并输送至烟枪入口舌，成型纸供给系统（11）供给成型纸经过冷上胶系统（12）进行涂胶，并在烟舌（13）入口处与薄片汇合。同时，热熔胶上胶系统（14）进行封口胶喷涂，在烟枪成型系统（15）的作用下，成型纸将丝束逐渐包裹形成连续密封的烟芯基棒条，布带驱动轮（16）驱动烟枪布带（17）拉动烟芯基棒条，经滤嘴条打条器（18）打条后，进入检测系统（19）和切割装置（20）的旋转喇叭嘴（21）中。刀盘带动切刀经与旋转喇叭嘴配合将烟芯基棒条分切成等长的烟芯基棒，经切割后的烟芯基棒依靠惯性运动穿过 V 形导轨（22）到达加速器（23），再由加速器（23）拾取并加速输送至输出装置（24），输送给下游设备。

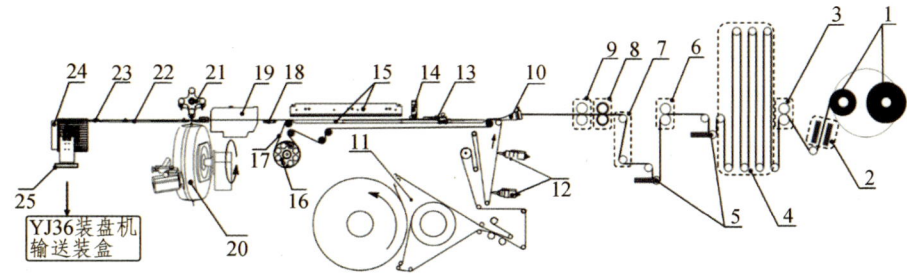

1—薄片卷；2—拼接装置；3—送料辊组；4—缓存输送辊组；5—张力调节装置；
6—送料辊组；7—边缘控制系统；8—切割单元；9—输送辊组；10—输送喷嘴；
11—成型纸供给系统；12—冷上胶系统；13—烟舌；14—热熔胶上胶系统；
15—烟枪成型系统；16—布带驱动轮；17—烟枪布带；18—滤嘴条打条器；
19—检测系统；20—切割装置；21—旋转喇叭嘴；22—V 形导轨；23—加速器；
24—输出装置；25—滤嘴棒。

图 4.9　SCM 滤棒成型机组工作原理

4）YJ122 滤棒成型机组

YJ122 滤棒成型机组（见图 4.10）是常德烟机在加热卷烟完全有序烟芯棒基棒成型设备制造方面的首次尝试，定位为实验性样机。YJ122 滤棒成型机组通过褶皱聚拢成型工艺可实现有序烟芯基棒的生产，同时通过部分模块更换和规格变换兼顾 PLA 基棒的生产。其生产速度可达 150 m/min，长度规格 60 ~ 150 mm。目前，仅进行了样机出厂前的初步功能性验证，仍需进行较长时间的调试，并根据调试结果不断地做出改进设计。

图 4.10　YJ122 滤棒成型机组

其主要技术参数如下：

（1）额定生产能力：150 m/min。

（2）滤棒直径：ϕ6.0 ~ 8.5 mm。

（3）滤棒长度：60 ~ 150 mm。

（4）有效运行率：≥ 85%。

其工作原理如图 4.11 所示，伺服电机驱动放卷装置主动释放烟草薄片卷（1），经输送辊组（2）进入拼接装置（3），盘卷直径检测系统实时监测盘卷直径并控制拼接装置（3）实现新、旧盘卷的拼接和持续生产。薄片通过张力控制装置（4）控制薄片释放速度，进入导向输送辊组区域（5）。曲柄滑块机构控制压皱辊组（6）进行薄片压皱，经输送辊组（7）居中进入薄片在线加香装置（8）对薄片赋香，输送辊组（9）将赋香薄片输送至输送喷嘴（10）。输送喷嘴（10）将来自上游的薄片收拢并输送至烟枪入烟舌（13），成型纸供给系统（11）供给成型纸经过上胶系统（12）进行涂胶，并在烟舌入口处与薄片汇合，在烟枪成型系统（14）的作用下，成型纸将薄片逐渐包裹形成连续密封的烟芯基棒条，布带驱动轮驱动烟枪布带拉动烟芯基棒条，经滤嘴条打条器（15）和测量喷嘴（16）进入滤棒切割装置（17）的喇叭嘴中，刀盘带动切刀经与喇叭嘴配合将烟芯基棒条分切成等长的烟芯基棒。经切割后的烟芯基棒依靠惯性运动穿过 V 形导轨到达加速器，再由加速器（18）拾取并加速输送至输出装置（19），输送给下游设备。

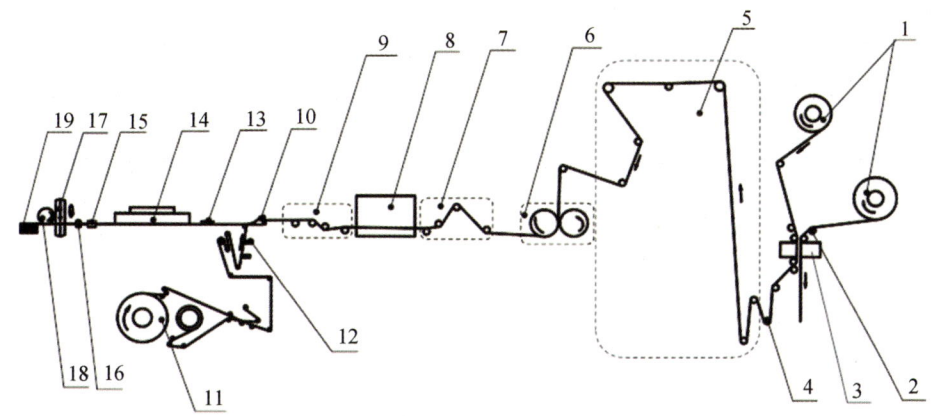

1—烟草薄片；2，7，9—输送辊组；3—拼接装置；4—张力控制装置；5—导向输送辊组；
6—压皱辊组；8—加香装置；10—输送喷嘴；11—成型纸供给系统；12—上胶系统；
13—烟舌；14—烟枪成型系统；15—滤嘴条打条器；16—测量喷嘴；17—切割装置；
18—加速器；19—输出装置。

图 4.11　YJ122 滤棒成型机组工作原理

2. 无序/混序烟芯棒基棒成型设备简介

SMK 卷烟机组（见图 4.12）是意大利 G.D. 公司在 G.D.121 平台（零备件通用率达 75%）上采用吸丝成型原理开发的一种用于加热卷烟无序/混序烟芯棒双倍长加热卷烟（见图 4.13）生产的成型设备。该机组由料斗、成型机和接装机三部分组成，具备规格快速切换的柔性化功能。通过定制的刀头、蜘蛛手等装置，可将烟丝、薄片丝按要求卷制为双倍长加热卷烟。

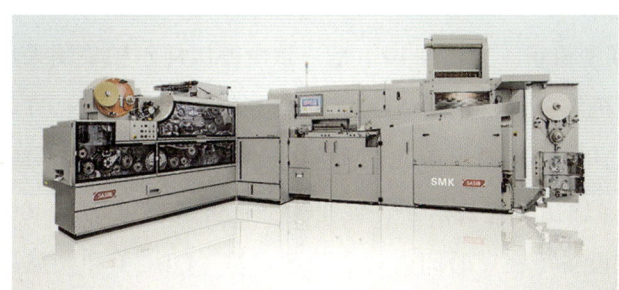

图 4.12　SMK 卷烟机组

图 4.13　混序烟芯棒基棒

其主要技术特点为① 针对高甘油含量（22%）烟丝而设计的料斗专用套件，保证了定长薄片烟丝（10～19 mm）在料斗中的稳定流动，从而在成型通道内沿轴向有序排列；② 全机独立驱动具备更高的柔性化，可在传统卷烟、丁香烟和加热卷烟之间进行规格切换。

其主要技术参数如下：

（1）额定生产能力：400 支/min。

（2）烟支直径：ϕ5.4～9.0 mm。

（3）烟支重量：300～600 mg/支。

（4）双倍长加热卷烟烟支长度：96～120 mm。

（5）烟芯棒长度：12～100 mm。

（6）有效运行率：≥85%。

SMK 卷烟机组工作原理与 G.D.121 卷烟机组类似，其料斗部分采用层叠式输送带喂料结构，通过两组输送带及一系列耙丝辊，将来自料库的烟丝分布均匀后，经吸风区域进入吸风室上的吸丝槽。成型烟道为单烟枪结构，烟条经重量检测系统的检测通道后，由切刀头分切为双倍长烟支，传送头交接双倍长烟支到接收鼓轮；卷烟机部分主要由喂料、烟梗剔除、烟丝平准器、烟条成型槽、卷烟纸自动更换、烟支切割及输出等部分组成；接装机部分主要由传送头、烟支分离、滤嘴的供给、滤棒切割、水松纸的切割、供胶、水松纸的粘接及搓接、检测与剔除、烟支的输送等部分组成。

3. 中空棒基棒成型设备简介

1）滤棒成型机组

KDF M 滤棒成型机组（见图 4.14）是一款由德国柯尔柏集团采用挤压成型工艺研发的中空滤棒成型机组。主要包括 AF-M 双通道丝束开送机、NWT 预成型单元、SEF 双烟枪成型机和 TUM 传递输出单元四个部分，如图 4.15 所示。基于 PROTOS M 平台，配合 TUM 传递输出装置蜘蛛手，使得生产速度最高可达 10000 支/min。高度的柔性化设计使得该设备可在短时间内实现品牌规格（QBC）和产品尺寸规格的快速更换（QSC）。

其主要技术参数如下：

（1）额定生产能力：1000 支/min。

（2）滤棒直径：ϕ5.2～9.0 mm。

（3）滤棒长度：88～150 mm。

（4）有效运行率：≥90%。

图 4.14　KDF M 滤棒成型机组

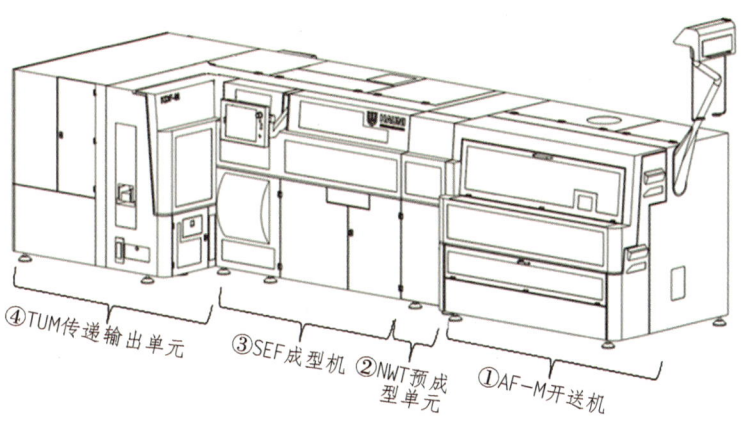

图 4.15　KDFM 滤棒成型机组结构

　　AF-M 开松机工艺流程如图 4.16 所示，丝束包（1）通过横臂（3）上的导环，使丝束对准进入Ⅰ级开松（2）伸展喷嘴的中心，压缩空气作用下促使丝束伸展至一定幅宽，同时防止抽出的丝束卷绕在横臂上。丝束持续行进至Ⅱ级开松（4）伸展喷嘴并使丝束纤维尽可能地得到分离，均匀进入制动辊组（5）。通过输入辊组（7）与制动辊组（8）的速度差（v_1/v_0）使丝束预伸展。同理，伸展辊组（6）与输入辊组（5）速度差（v_2/v_1）将丝束伸展、卸出辊组（10）与伸展辊组（7）速度差（v_3/v_2）将丝束松弛。同时在松弛区域内，丝束行进至Ⅲ级开松（8）伸展喷嘴时，丝束纤维得到进一步的均匀分离，在增塑剂雾化室（9），7个独立加热的喷嘴从下面把塑化剂分布均匀地喷涂到丝束上，经卸出辊组（10）进入成束辊组（11）进行丝束预收拢后输送至 NWT 预成型单元。

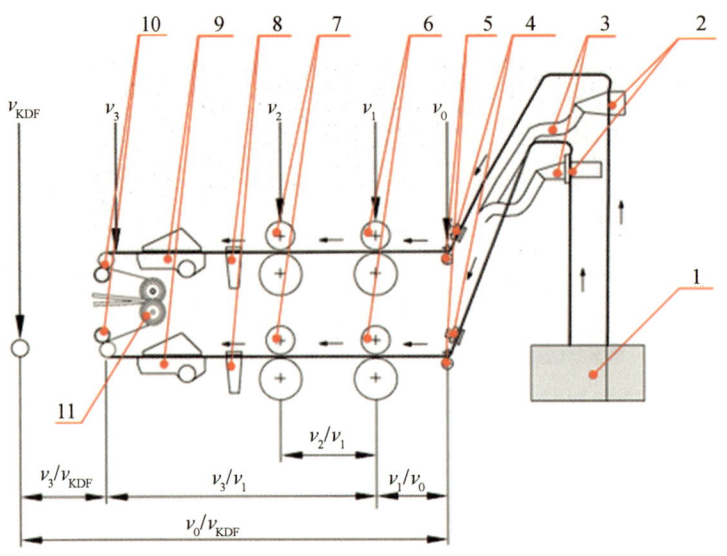

1—丝束包；2—Ⅰ级开松；3—横臂；4—Ⅱ级开松；5—制动辊组；6—输入辊组；7—伸展辊组；8—Ⅲ级开松；9—增塑剂雾化室；10—卸出辊组；11—成束辊组。

图 4.16　AF-M 开松机工艺流程示意

SEF 成型机工艺流程如图 4.17 所示，上游 AF-M 开松机处理后的醋酸纤维丝束经导向辊（1）和预成型辊（2）进入输送喷嘴，借助压缩空气作用力将丝束输送、传导至烟枪烟舌（4），促使丝束聚拢成束。布带驱动轮（9）驱动布带配合烟舌（4）和防护压板（5）将预成型丝束拉入 NWT 预成型单元（6）。如图 4.18 所示，烟枪下部蒸汽段的圆孔喷嘴持续喷出高温饱和水蒸气，经烟枪布带流入醋酸纤维丝束，并在烟枪下部和烟枪上部之间循环流动，对该区域进行持续加热，多余的蒸汽可通过孔排出。如图 4.19 所示，丝束在高温饱和蒸汽作用下快速熔融，并在烟枪内包裹异形心轴（3），配合烟枪上部平整器挤压形成带空腔的滤嘴条。烟枪布带持续拉动滤嘴条，进入冷却处理单元（8），两个冷却段持续向烟枪流入压缩空气对滤嘴条进行冷却、干燥和固化，形成无限长的中空滤嘴条后进入打条器（11）。通过滤棒打条器（11）裁剪进入 EYEPort 检测器（12）检测滤嘴条直径，并继续行进至旋转喇叭嘴（14）中，切割装置（13）的刀盘带动切刀经与旋转喇叭嘴配合将无限长中空滤嘴条分切成等长的中空滤嘴棒。经切割后的中空滤嘴棒依靠惯性运动穿过 V 形导轨（15）到达蜘蛛手（16），再由蜘蛛手（16）拾取并传递至 TUM 传递输出装置（17），输送给下游设备。

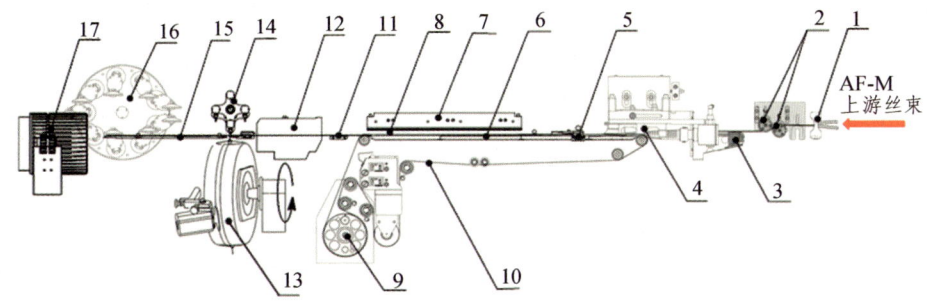

1—导向辊；2—预成型辊；3—异形心轴；4—烟舌；5—防护压板；6—蒸汽预线型单元；
7—烟枪上部；8—冷却处理单元；9—布带驱动轮；10—布带；11—打条器；
12—EYEPort 检测器；13—切割装置；14—旋转喇叭嘴；15—V 形导轨；
16—蜘蛛手；17—TUM 传递输出装置。

图 4.17　SEF 成型机工艺流程

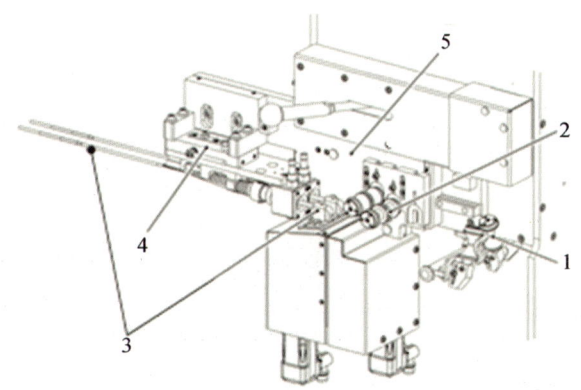

1—导向辊；2—预成型辊；3—异形心轴；4—异形烟舌；5—烟舌支架。

图 4.18　NWT 预成型单元关键结构示意

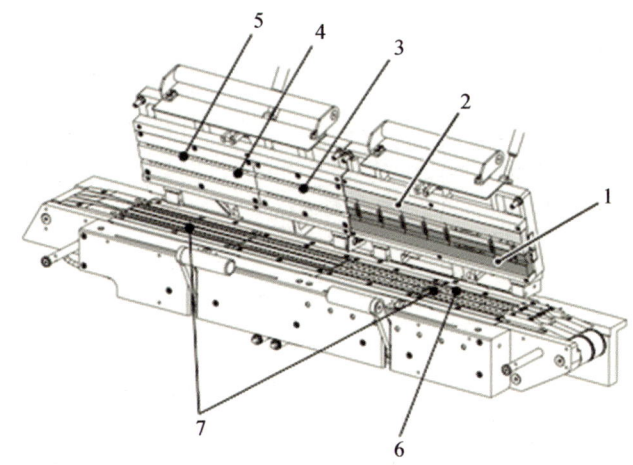

1—平整器；2—烟枪上部；3—冷却段 1；4—压缩空气喷嘴；
5—冷却段 2；6—蒸汽段；7—烟枪下部。

图 4.19　SEF 烟枪成型系统

第 4 章　加热卷烟制备设备概述 | 065

2）KDF-MAGIC 滤棒成型机组

KDF MAGIC 滤棒成型机组（见图 4.20）是一款由德国柯尔柏集团采用拖拽成型工艺研发的中空滤棒成型机组。如图 4.21 所示，主要包括 AF-D 双通道丝束开松机、NWP 蒸汽成型单元、KDF2E 成型机三个部分。通过规格改造除可生产标准的醋酸纤维白棒外，还可用于生产空心嘴棒、带不同形状的嘴棒、NWA 空心纸包棒和双色嘴棒等的生产。

其主要技术参数如下：

（1）额定生产能力：200 m/min。

（2）滤棒直径：ϕ5.2 ~ 9.0 mm。

（3）滤棒长度：60 ~ 150 mm。

（4）有效运行率：≥ 90%。

图 4.20　KDF MAGIC 滤棒成型机组

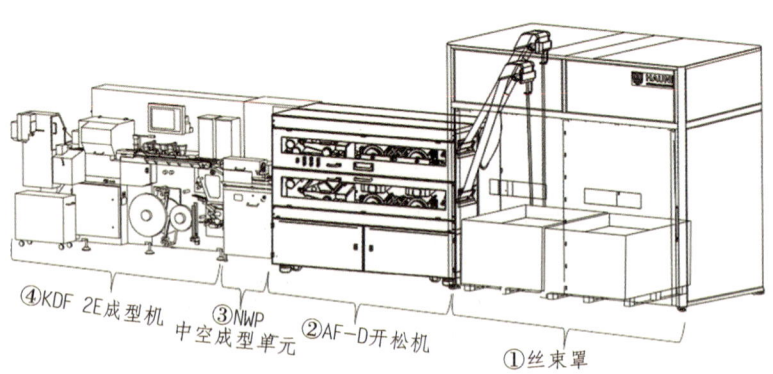

图 4.21　KDF-MAGIC 滤棒成型机组结构

AF-D 双通道（上通道、下通道）开松机工艺流程如图 4.22 所示，丝束包（1）通过横臂（3）上的导环，使丝束对准进入 I 级开松（2）伸展喷嘴的中心，压缩空气作用下促使丝束伸展至一定幅宽，同时防止抽出的丝束卷绕在横臂上。丝束持续行进至Ⅱ级开松（4）伸展喷嘴并使丝束纤维尽可能地得到分离，均匀进入制动辊组（5）。通过输入辊组（6）与制动辊组（5）的速度差（v_1/v_0）使丝束预伸展。同理，伸展辊组（6）与输入辊组（6）速度差（v_2/v_1）将丝束伸展、卸出辊组（10）与伸展辊组（7）速度差（v_3/v_2）将丝束松弛。同时在松弛区域内，丝束行进至Ⅲ级开松（8）伸展喷嘴时，丝束纤维得到进一步的均匀分离，在增塑剂雾化室（9），7个独立加热的喷嘴从下面把塑化剂分布均匀地喷涂到丝束上。开松处理、喷涂增塑剂后的丝束通过卸出辊组输送至NWP中空成型单元。

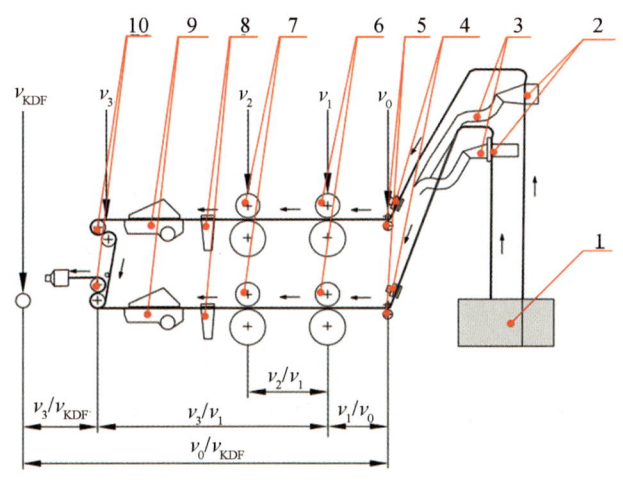

1—丝束包；2—Ⅰ级开松；3—横臂；4—Ⅱ级开松；5—制动辊组；6—输入辊组；
7—伸展辊组；8—Ⅲ级开松；9—增塑剂雾化室；10—卸出辊组。

图4.22 AF-D开松机工作原理

NWP成型单元工艺流程如图4.23所示，上游AF-D开松机将醋酸纤维丝束输送过NWP蒸汽段，并在这期间对丝束喷送蒸汽熔融成型、压缩空气冷却定型。烟枪布带将已成型中空滤嘴条输送通过KDF的烟枪。借助烟枪布带的拉力结合输送喷嘴（2）的作用力，将丝束拉过输送喷嘴（2）、蒸汽喷嘴（4）和冷却喷嘴（1），而后拖拽至KDF 2E成型机的烟枪内。滤嘴棒中的孔是通过蒸汽喷嘴（4）和心轴（3）决定的。蒸汽喷嘴（4）喷出高温饱和的水蒸气，丝束在高温饱和蒸汽作用下快速熔融，并配合蒸汽喷嘴（4）和心轴（3）形成带空腔的滤嘴条。4个冷却喷嘴（1）通过加入压缩空气对已成型的中空滤嘴条进行快速冷却、固化定型。过程中形成的冷凝水经冷凝水疏水阀（5）排出设备。

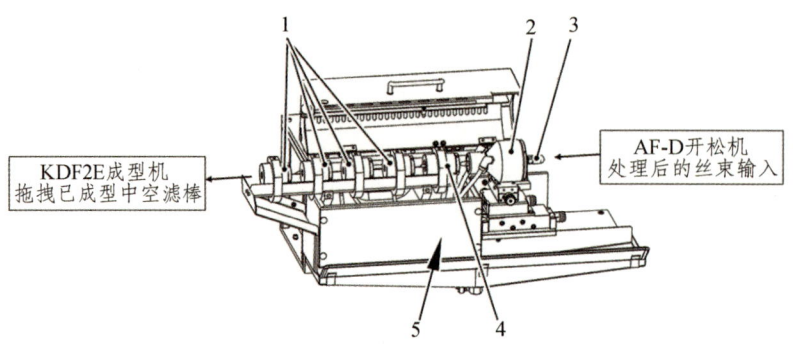

1—冷却喷嘴；2—输送喷嘴；3—心轴；4—蒸汽喷嘴；5—冷凝水疏水阀。
图 4.23　NWP 中空成型单元工作原理

KDF 2E 成型机工艺流程如图 4.24 所示，布带驱动轮（5）驱动烟枪布带（6）将上游 NWP 成型的中空滤嘴条（3）拖拽经过烟枪（4）。在烟枪（4）中进行外观整形后形成无限长滤嘴条，通过滤棒打条器（7）裁剪进入测量喷嘴（8）检测滤嘴条直径。继续行进，经切割装置（9）将无限长滤嘴条分切成等长的中空滤嘴棒，加速器（10）将中空滤嘴棒加速输送至滤嘴棒传递装置（11），进而将中空滤嘴棒输送至下游设备。

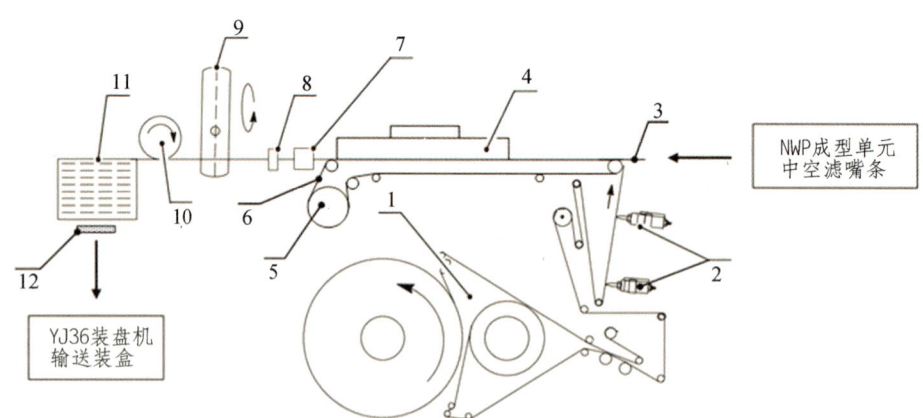

1—成型纸供给系统；2—上胶系统；3—中空滤嘴条；4—烟枪；5—布带驱动轮；
6—布带；7—滤棒打条器；8—测量喷嘴；9—切割装置；10—加速器；
11—滤嘴棒传递装置；12—滤棒。
图 4.24　KDF 2E 成型机工作原理

4. 过滤棒基棒成型设备简介

KDF 6-LEAD 滤棒成型机组是一款由德国柯尔柏集团（原德国豪尼集团）研发的模块化滤棒成型机组，如图 4.25 所示。其主要由 AF 开松机、SEF 成型机组成，生产速度最高可达 600 m/min（爆珠滤棒最高 300 m/min）。其颠覆性的 LEAD 功能可在 1 h 内实现滤棒长度规格和直径规格的快速切换。配合人机界面中预设的牌号功能，可实现旋转喇叭嘴位置、刀盘角度、热熔胶喷嘴位置等设置的全自动调节。位于开松机和成型机之间的 FLEXPORT 功能模块可使 KDF 6-LEAD 滤棒成型机组所生产的滤棒规格在爆珠滤棒（CI 模块）、沟槽滤棒（CV 模块）和香线滤棒（TA 模块）之间快速更换。相比其他滤棒成型机组，该机组具有维护成本低、原辅料消耗小的特点。

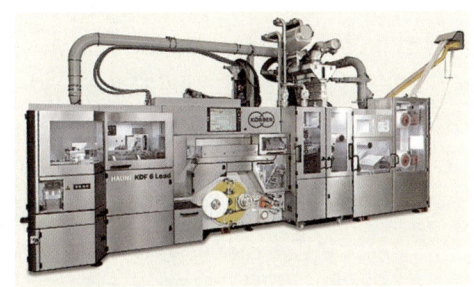

图 4.25　KDF 6-LEAD 滤棒成型机组

其主要技术参数如下：

（1）额定生产能力：600 m/min。

（2）滤棒直径：ϕ5.3 ~ 9.0 mm。

（3）滤棒长度：60 ~ 150 mm。

（4）有效运行率：≥ 90%。

其工艺流程如图 4.26 所示：丝束带（2）从丝束包（1）中抽出后，经导丝环（3）和横臂（6）输送至Ⅰ级空气开松器（4）初步吹散，经导丝板（5）进入Ⅱ级空气开松器（7）再次被吹松吹散，并平稳进入制动辊组（8），以均匀的拉力输送至转速稍快的输送辊组（9）使丝束在此区域内预伸展，然后经过转速稍快的伸展辊组（10），使丝束进一步拉松拉散。丝束在Ⅲ级空气开松器（11）处被完全吹松吹散，丝束展幅达到最大，经过增塑剂雾化室（12），雾化增塑剂被均匀喷洒到丝束上，然后进入转速稍慢的输送辊组（13）使丝束松弛，经成束辊（14）导入输送喷嘴（15）将来自开松机的丝束收拢并输送至烟枪入

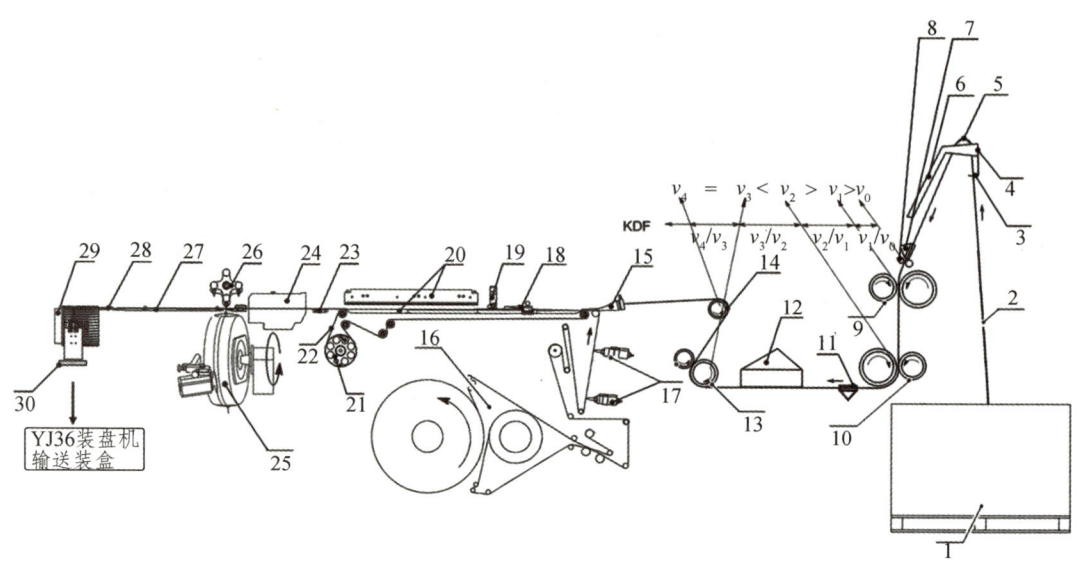

1—丝束包；2—丝束带；3—导丝环；4—Ⅰ级开松器；5—导丝板；6—横臂；7—Ⅱ级开松器；
8—制动辊组；9—输入辊组；10—伸展辊组；11—Ⅲ级开松器；12—雾化室；13—输送辊组；
14—成束辊；15—输送喷嘴；16—成型纸供给系统；17—冷上胶系统；18—烟舌；
19—热熔胶上胶系统；20—烟枪成型系统；21—布带驱动轮；22—烟枪布带；
23—滤嘴条打条器；24—检测系统；25—切割装置；26—旋转喇叭嘴；
27—V形导轨；28—加速器；29—输出装置；30—滤嘴棒。

图 4.26 成型机工艺流程示意

口舌。成型纸供给系统（16）供给成型纸经过冷上胶系统（17）进行涂胶，并在烟舌入口处与丝束汇合，在烟枪成型系统（20）的作用下，成型纸将丝束逐渐包裹形成连续密封的滤棒条。布带驱动轮（21）驱动烟枪布带（22）拉动滤嘴条，进入滤棒切割装置（25）的喇叭嘴中，刀盘带动切刀经与喇叭嘴配合将滤棒条分切成等长的滤棒，经切割后的滤棒依靠惯性运动穿过V形导轨（27）到达加速器（28），再由加速器（28）拾取并加速输送至输出装置（29），输送给下游设备。

从结构上看，AF开松机内开松辊组呈U形布局，新增成束辊和输送辊组替代原开松布局方式的卸出辊组。相比KDF2滤棒成型机组AF开松机内呈直线布局的开松辊组可延长丝束开松距离、有效提升丝束开松效果。SEF成型机的热熔胶上胶系统上置于烟舌（18）左侧，缩短成型纸喷涂热熔胶至包裹密封的行程，烟枪成型系统（20）采用冷烙铁替代成型机（直线开松方式）热烙铁和冷烙铁的组合，增加冷烙铁有效冷却距离，实现热熔胶快速冷却封口，提升设备生产速度。检测系统EYEPort（24）采用先进检测技术、多功能模块组合，实现滤嘴棒圆周、长度、外观等实时检测，切割装置（25）下置，配合旋转喇叭嘴（26），使滤嘴棒切割效果更佳，可有效提升设备生产速度。

4.2 加热卷烟烟支卷制设备

4.2.1 加热卷烟烟支卷制设备原理

无论基于"2+2"烟支卷制工艺、"3+1"烟支卷制工艺，还是"4×1"烟支复合工艺，加热卷烟烟支卷制工艺通常都包含加热卷烟各棒段的复合和加热卷烟烟支成型两个工序。因此，加热卷烟卷制设备通常由棒段复合工序和烟支成型工序两部分构成。

1. 加热卷烟棒段复合工序

棒段复合工序是指将两种或两种以上的加热卷烟功能滤棒按一定排列顺序复合为符合产品标准的复合滤棒段的方式。其主要工艺过程如图4.27所示，烟芯棒、中空棒、降温棒和过滤棒分别分切为一定长度的滤棒段，并通过轮系或线性复合原理按预定排序进行排列组合，形成复合滤棒段。

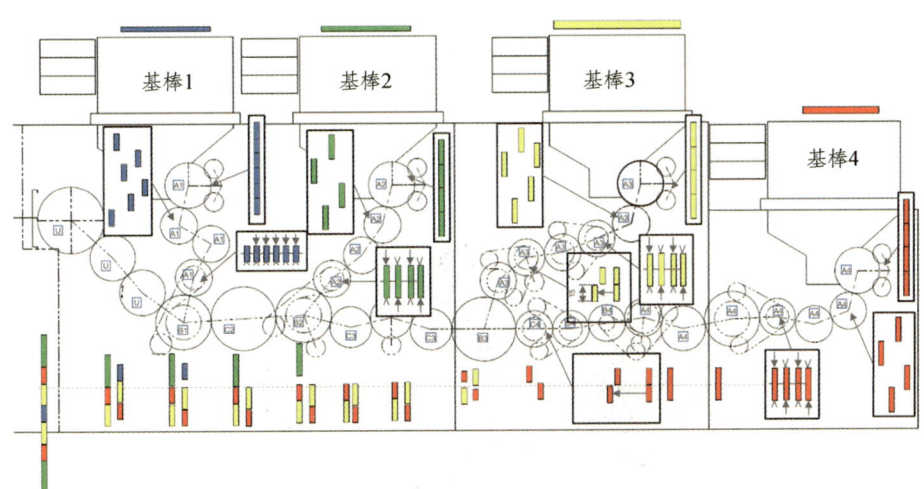

图4.27 四元棒段复合工艺流程

1）轮系复合原理

基于轮系的棒段复合原理是目前较为成熟的加热卷烟棒段复合方式。采用轮系传递的方式可高速地将各功能棒段在鼓轮上进行排列组合。因此，轮系复合工艺特别适用于加热卷烟复合功能棒的高速生产，是一种高效的规模化生产方法。

如图 4.28 所示，在轮系复合过程中，首先将设备料库中各功能棒分切为特定长度的棒段，然后各功能棒段在鼓轮上经传递、移位后按照特定顺序在汇合鼓轮上进行排列组合，经靠拢鼓轮消隙后向双倍长烟支成型工艺段输送。

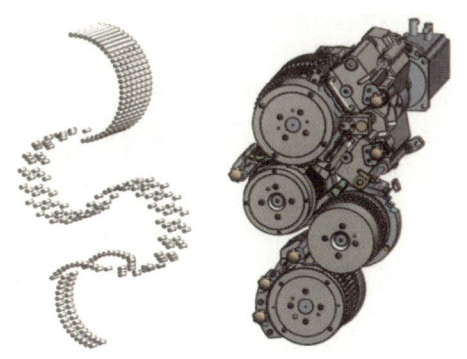

图 4.28　棒段轮系复合工艺原理

2）线性复合原理

基于线性的滤棒复合工艺采用输送带对滤棒进行输送，减少了对滤棒的损害，且有可靠的滤棒消隙技术。由于鼓轮使用较少，基棒适配范围广，规格变化简单，适合多品种小批量生产。

如图 4.29 所示，在线性复合过程中，料库中各功能棒首先在分切鼓轮中按设计长度等切为数段。分切后的料棒段经调头机构调头并拉出一定距离后，再利用推进器完成多种功能棒段的交替排列，然后将棒段卷制成型为双倍长烟支。

1—分切鼓轮；2—调头机构；3—输送带；4—推进器。
图 4.29　线性复合工艺原理

2. 加热卷烟烟支成型工序

烟支成型工序是指将按一定排列组合的滤棒段用卷烟纸卷制为双倍长加热卷烟,再分切调头输出为成品加热卷烟烟支的方式。其主要工艺过程是将排列组合完成后的滤棒段,用卷烟纸经卷制成型或搓接成型原理包裹为加热卷烟烟支输出装盒。根据成型的原理不同可分为卷制成型原理和搓接成型原理两种方式。

1)卷制成型原理

与传统卷烟和复合滤棒成型过程类似,双倍长加热卷烟卷制成型是利用烟枪成型通道完成的。如图 4.30 所示,在该工艺过程中,复合棒段束与卷烟纸在烟枪处汇合后随布带进入烟舌,卷烟纸的一边被烟舌卷曲以包裹复合滤棒束,另一边则在小压板作用下与卷曲的纸边重叠黏合,在加热器作用下将纸边搭口烫干,使搭口粘贴牢固,形成复合滤棒条。最后,包裹成型的复合滤棒条在切割装置内经烟支分切工艺成为双倍长烟支向下游机输出。

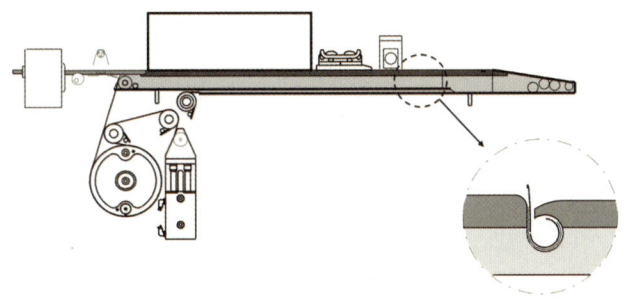

图 4.30　卷制成型原理

2)搓接成型原理

棒段复合工艺流程输送过来的复合滤棒段按特定的排列顺序成型为复合滤棒段束,经分切为双倍长烟支。类似传统卷烟和滤棒卷制成型原理,采用卷制成型原理生产的复合滤棒条在直径微调上具备一定的优势,但在成型速度上相比采用搓板和搓接鼓轮配合的搓接成型原理则存在一定劣势。

如图 4.31 所示,类似传统卷烟滤嘴接装工艺,搓接成型工艺利用搓接鼓轮和搓板的相互配合完成双倍长烟支的成型。如图 4.32 所示,在双倍长烟支搓接成型过程中,经过靠拢鼓轮消隙的复合棒段与来自接装纸切割鼓轮的接装纸粘贴成旗帜状后传送到搓接鼓轮上,经搓板刮刀取出的复合棒段在搓接鼓轮条纹表面的带动下在搓板和搓接鼓轮间做纯滚动,从而将预粘贴在复合棒段上的卷烟纸平整地包裹在复合棒段外形成双倍长烟支。最后,搓接成型的双倍长烟支由传送鼓轮从搓板取出后向烟支接装纸搓接分切工艺段输出。

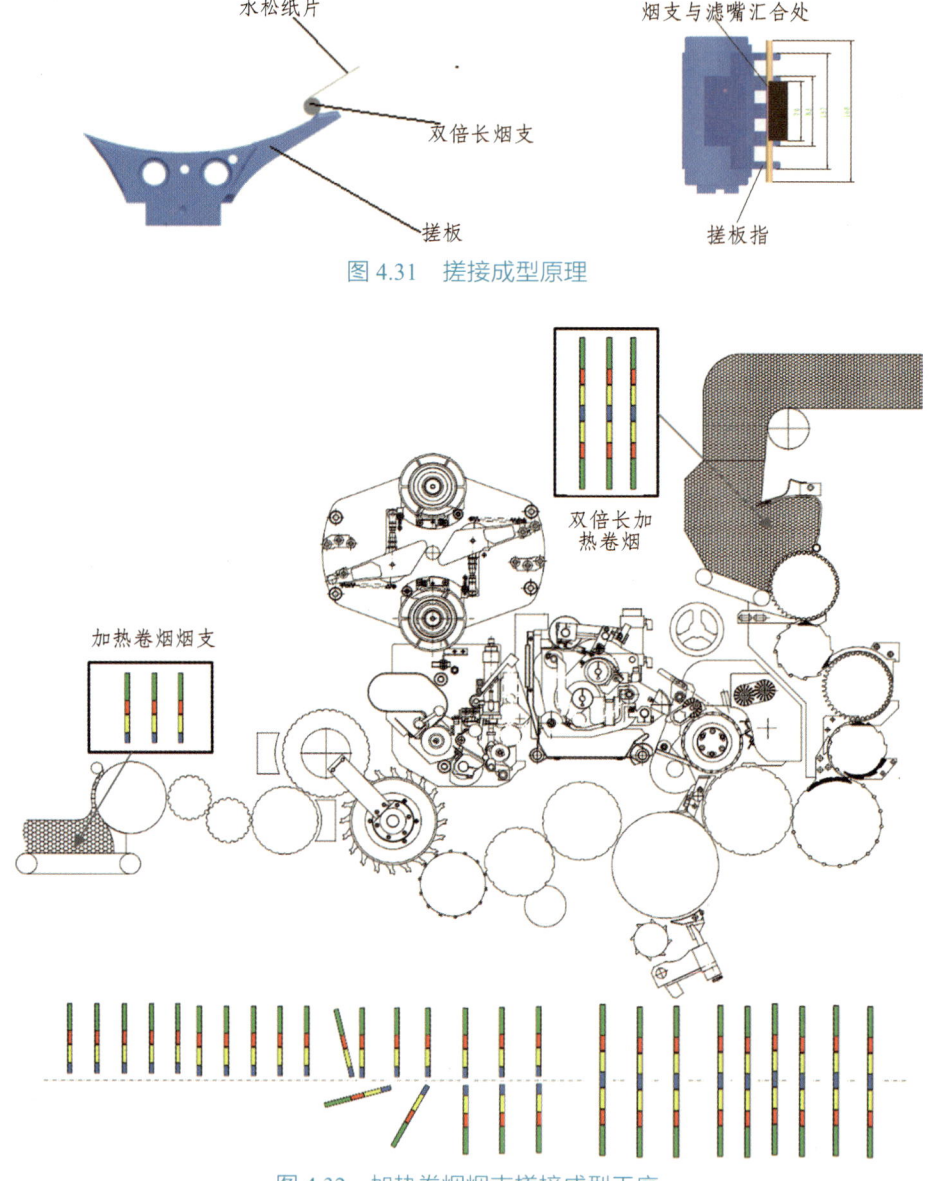

图 4.31　搓接成型原理

图 4.32　加热卷烟烟支搓接成型工序

4.2.2　加热卷烟烟支卷制设备方案

1. "2+2" 烟支卷制工艺设备方案

根据"2+2"烟支卷制工艺过程可知,在该工艺过程中需要两组二元复合滤棒成型机组用于生产二元复合滤棒和滤嘴烟支，一组接装机用于二元复合滤棒和滤嘴烟支的接装及分切调头，如图4.18所示。如表4.2所示，该方案可直接应用于加热卷烟工业化生产的主流设备方案中，二元复合滤棒成型工序多采用许昌烟草机械有限责任公司研制的YL43二元复合滤棒成型机组和德国科尔柏集团研制的MERLIN复合滤棒成型机。同时，可搭配常德烟草机械有限责任公司研制的YJ218接装机对二元复合滤棒和滤嘴烟支进行接装和分切。

表4.2 "2+2"烟支卷制工艺设备方案

设备类型	复合原理	成型工艺	设备名称	制造商
二元复合滤棒成型机组	线性	卷制	YL43	许昌烟机
	轮系	卷制	MERLIN	德国科尔柏集团
接装机	—	搓接	YJ218	常德烟机

2. "3+1"烟支卷制工艺设备方案

如图3.21所示，在加热卷烟"3+1"烟支卷制工艺流程中，需先选用一组三元复合滤棒成型机将三种基棒进行复合，再选用一组接装机将剩余的一种基棒与该三元复合滤棒或烟支接装，并分切为单倍长加热卷烟烟支。如表4.3所示，根据该工艺流程，各卷烟集团以及卷烟设备服务商凭借自身夯实的研发能力及多年的行业经验，采用许昌烟草机械有限责任公司研制的ZL45三元复合滤棒成型机组、德国科尔柏集团研制的MERLIN三元复合滤棒成型机组和常德烟草机械有限责任公司研制的YJ27接装机开发了基于"3+1"烟支卷制工艺的加热卷烟生产线，为行业提供了一套切实可行的整体设备方案。

表4.3 "3+1"烟支卷制工艺设备方案

设备类型	复合工艺	成型工艺	设备名称	制造商
三元复合滤棒成型机	线性	卷制	ZL45	许昌烟机
	轮系	卷制	MERLIN	德国科尔柏集团
接装机	—	搓接	YJ218	常德烟机

3. "4×1"烟支卷制工艺设备方案

如图3.27所示，相比"2+2"烟支卷制工艺、"3+1"烟支卷制工艺，"4×1"烟支复合工艺仅采用一次四元复合成型即可完成双倍长加热卷烟的制备，有效地减少了加热卷烟制备过程中的成型频次,从而避免了每道工序带来的质量隐患。在简化工艺流程的同时,有效的提升了加热卷烟生产速度和烟支成型质量。如表4.4所示,基于"4×1"烟支复合工艺,德国科尔柏集团和意大利G.D.公司已形成一套行之有效的加热卷烟高速生产整体设备方案。

表4.4 "4×1"烟支复合工艺设备方案

设备类型	复合工艺	成型工艺	设备名称	制造商
四元复合滤棒成型机组	轮系	卷制	KDF 5MF/6MF	德国科尔柏集团
四元复合滤棒成型机	轮系	搓接	MC	意大利G.D.
接装机	—	搓接	YJ27	常德烟机
	—	搓接	CTU	意大利G.D.

4. 轮系复合搓接成型工艺设备方案

如表4.5所示,基于轮系搓接成型工艺在生产速度和成型质量上的优势,综合考虑"2+2"烟支卷制工艺、"3+1"烟支卷制工艺和"4×1"烟支复合工艺的工艺过程,国内外卷烟设备厂商采用模块化的设计思路基于轮系复合工艺和搓接成型工艺研发了可以适配"2+2"烟支卷制工艺、"3+1"烟支卷制工艺和"4×1"烟支复合工艺的生产平台,将多个工序集成到一组设备中,有效地精简了生产加热卷烟所需的设备量,提高了加热卷烟制备的生产效能。

表4.5 轮系复合搓接成型工艺设备方案

设备类型	复合工艺	设备工艺	设备名称	制造商
多元卷接机	轮系	搓接	MSM	德国科尔柏集团
			MC	意大利G.D.
			YJ222	常德烟机

4.2.3 加热卷烟烟支卷制设备简介

1. 加热卷烟棒段复合成型设备简介

1)YL43复合滤棒成型机组

YL43复合滤棒成型机组(见图4.33)是一款由许昌烟草机械有限责任公司在ZL43滤棒成型机组基础上开发的二元复合滤棒成型机组,由复合机和YL43滤棒成型机两部分构成,最大生产速度可达 2000 支 /min(复合棒长度 100 mm)。复合机采用线性复合原理,通过左右两套滤棒供给系统将两种滤棒分别进行分切和输送,由拨盘完成滤棒段转向后输送至负压吸风带上。各滤棒段在滤棒输送通道末端按顺序汇合后,通过螺旋滚筒消隙、导向槽导向输送到成型机。成型机采用卷制成型原理,由复合机输送而来的滤棒段在成型烟枪进行卷制成型后经热烙铁封口后,由刀盘按要求进行等长分切,经拨烟轮拨送到带槽鼓轮,再由剔除鼓轮、输出鼓轮将成品棒输送到装盘机,其中剔除鼓轮可对残次品进行剔除。

图 4.33　YL43 复合滤棒成型机组

主要技术参数如下:

(1)额定生产能力:100 m/min。

(2)滤棒直径:ϕ6.9 ~ 7.7 mm。

(3)复合棒长度:64 ~ 120 mm。

(4)有效运行率:≥ 85%。

该机组具有以下主要技术特点:

(1)满足新型烟草制品中特种滤棒的复合需求。

(2)单元式供料系统,长度规格易于更换。

(3)滤棒输出方式为轮系输出,可选择与装盘机或装盒机对接,有效降低操作人员的劳动强度。

(4)采用伺服驱动技术,结构简单,运行稳定,维护方便。

2)MERLIN 复合滤棒成型机组

MERLIN 复合滤棒成型机组(见图 4.34)由德国科尔柏集团在 21 世纪初采用模块化设计思路设计生产的高速复合滤棒成型机组,由 MF 复合机和 KDF4 滤棒成型机两部分构成。根据 MF 复合机选用的 SM 软模块组合的不同可生产二元至五元规格的复合滤棒，并可完成复合滤棒生产规格的快速切换。其主要工作原理是将 MF 复合机不同软模块料库的滤棒分切为特定长度的滤棒段，再根据复合滤棒段比结构按照一定的排列顺序进行组合，通过消隙装置输送到 KDF4 成型机。在 MF 复合机内完成排列组合的棒段经插入轮抓取输送至 KDF4 成型机烟枪卷制成型为无限长的组合滤棒条，再经刀盘将组合的滤棒条切割为特定长度的单支复合滤棒，经拨烟轮拨送到带槽鼓轮，再由剔除鼓轮、输出鼓轮将成品棒输送到装盘机。其中，剔除鼓轮可对残次品进行剔除。

图 4.34　MERLIN 复合滤棒成型机组

主要技术参数如下：

（1）额定生产能力：600 m/min。

（2）滤棒直径：ϕ6.2～8.8 mm。

（3）复合滤棒长度：60～150 mm。

（4）有效运行率：≥90%。

该机组具有以下主要技术特点：

（1）由软模块、传递模块、KDF4 成型切割输出部分组成的模块化设计，可以生产多达 5 个滤嘴棒单元的复合滤嘴，简化了产品更换程序，使设备具备很高的灵活性。

（2）AMK 驱动系统、电控柜以及烟枪全部采用水冷，以减少灰尘和降低噪声。所有控制及质量监控系统均为总线连接，采用德国倍福公司 BECKOFF 工业控制器，保证了整套系统的可靠性和稳定性，实现了高质量、高安全性、高系统智能化的特点。

3）ZL45 复合滤棒成型机组

ZL45 型复合滤棒成型机组（见图 4.35）是由许昌烟机公司和荷兰 ITM 公司合作开发，生产能力为 500 m/min，该机组由许昌烟机公司的 ZL26C 滤棒成型机，和 ITM 公司 Solaris 复合机的 APM 高级小棒模块、TM 转运模块、MOMS 检测系统等组成，采用独立伺服进行驱动。Solaris 复合机采用模块化设计，可以在同一台设备上以增减模块的方式生产二元、三元的复合滤棒。基于即插即用的模块化设计理念，可确保快速轻松地进行生产规格转换。

其主要技术参数如下：

（1）额定生产能力：500 m/min。

（2）滤棒直径：ϕ5.2 ~ 9.0 mm。

（3）复合滤棒长度：60 ~ 150 mm。

（4）有效运行率：≥ 85%。

图 4.35　ZL45 型复合滤棒成型机组

该机组具有以下主要技术特点：

（1）ZL45 采用模块化设计，能够快速进行生产规格的更换。其中，二元复合更换为二元空腔滤棒仅需 15 min，二元复合更换为三元复合仅需 45 min；小棒排列顺序灵活，规格变换可在 30 min 内完成。

（2）基棒适用范围广。采用无负压吸附的小棒复合技术，可以复合各类不同材料的基棒，包括高透纸滤棒、无外包纸滤棒、高密度和低密度材料滤棒以及中空滤棒。

（3）可以快速完成复合滤棒段比配置。由于 Solaris 复合机采用独立伺服驱动，可通过人机界面快速完成棒段的排列顺序配置。

（4）具有良好的扩展性，便于规格快速切换、维护及更多功能的开发。

4）KDF 5MF/6MF 复合滤棒成型机组

在继承了旗下所有复合滤棒成型机组优势技术的基础上，2013 年德国科尔柏集团推出了基于轮系复合卷制成型工艺的 KDF 5MF 复合滤棒成型机（见图 4.36），生产速度最高可达 500 m/min。它由 MF 复合机和 SEF 滤棒成型机两部分构成，充分展示了其在生产灵活性和可靠性方面的优势。随后，2016 年 11 月具备更高精度和灵活性的 KDF 6MF-LEAD 复合滤棒成型机在 HAUNI 内部展览会上亮相，并得到了国际客户的广泛好评。

图 4.36　KDF 5MF 复合滤棒成型机组

其主要技术参数如下：

（1）额定生产能力：500 m/min。

（2）滤棒直径：ϕ5.2 ~ 8.8 mm。

（3）复合滤棒长度：60 ~ 150 mm。

（4）有效运行率：≥ 90%。

该机组具有以下主要技术特点：

（1）高度柔性化。模块化的 EYEPort 可根据生产需求灵活替换重量、直径、切割位置以及胶囊位置等数据传感器，为将来的产品开发及生产预留了足够的扩展空间。

（2）采用模块化设计。结合 KDF 6MF 的 LEAD 功能可快速完成生产规格切换，通过配合使用 MF 复合机的 FF1、FF2、FFAL、FFAS 四个模块可生产目前市场上几乎所有的二元、三元和四元复合滤棒。

（3）更好的成型质量。成型烟枪延长 100 mm 和封口胶枪位于烟枪上方的设计，为冷胶作为封口胶提供了可能的同时保证了上胶质量。

（4）配合独创的半自动卸盘装置 UNO 使得设备布置更加紧凑，使得 KDF 5MF/6MF 复合滤棒成型机组既可适用于批量生产又可广泛满足技术中心的研发需求，给新型烟草市场带来新的变革。

5）MSM 多元卷接机

MSM 多元卷接机（见图 4.37）是一款由德国科尔柏集团开发的多元棒段复合成型设备，最大生产速度可达 10 000 支/min。基于轮系复合搓接成型工艺，通过高柔性的模块化设计可实现"2+2"烟支卷制工艺、"3+1"烟支卷制工艺和"4×1"烟支复合工艺的生产。通过各模块的配置组合可快速实现多至五种棒段的复合接装，同时可附加烟条棒成型、接装、激光打孔、质量检测、分切和调头等功能模块，满足加热卷烟生产规格的快速配置，为加热卷烟新品开发提供了高效的设备解决方案。

图 4.37　MSM 多元卷接机

其主要技术参数如下：

（1）额定最大生产能力：10 000 支/min。

（2）滤棒直径：ϕ5.4～8.3 mm。

（3）复合滤棒长度：45～100 mm。

（4）接装纸长度：18～28 mm。

（5）接装纸宽度：40～110 mm。

（6）有效运行率：≥ 90%。

该机组具有以下主要技术特点：

（1）高度柔性化的模块设计，可为产品生产提供个性化解决方案。

（2）高度的扩展性，可与传统卷烟烟条成型部分进行集成，实现传统卷烟的高效生产。

（3）多达 7 个附加（并行）功能传感器保证了更高效的生产质量监控，预留的检测塔结构为后续检测器的加装预留了充足的扩展空间。

6）MC 多元接装机

MC 多元接装机（见图 4.38）是一款由意大利 G.D. 公司在 FC8 复合滤棒成型机组

基础上开发的多元棒段复合成型设备，最大生产速度可达 10 000 支 /min。如图 4.39 所示，全机采用独立伺服驱动的模块化设计思路，基于轮系复合搓接成型工艺，可适配 "2+2" 烟支卷制工艺、"3+1" 烟支卷制工艺和 "4×1" 烟支复合工艺进行加热卷烟烟支的制备。

图 4.38　MC 多元接装机

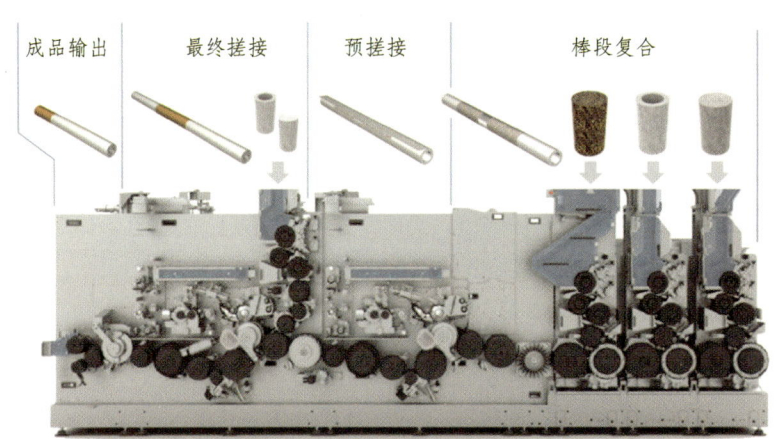

图 4.39　MC 多元接装机烟支卷制工艺

该机组具有以下技术特点：

（1）采用搓接成型工艺卷制加热卷烟，确保各棒段分切长度的精确控制，可有效消除小棒段复合产生的间隙。

（2）模块化设计保证了机组生产规格的快速切换，以及更多附加功能开发的可能。

（3）可对完全有序烟芯棒、相对有序烟芯棒、醋酸纤维滤棒、中空滤棒、纸管、一体成型件（炭加热卷烟热源段）等多种材料进行卷制复合，可生产卷烟纸、接装纸完全包裹或部分包裹的加热卷烟烟支，如图 4.40 所示。

（a）完全包裹电加热卷烟　　（b）部分包裹炭加热卷烟　　（c）部分包裹电加热卷烟

图 4.40　烟支卷制规格

7）YJ222 多元复合机

YJ222 多元复合机（见图 4.41）是常德烟机自主研发，面向加热卷烟规模化生产的高端装备，额定生产速度 8 000 支 /min。其采用模块化设计理念，提供了搓接模块和滤嘴段基棒模块两种基础模块，以及预搓接模块和其他基棒模块等选项模块，可适应 "2+2" 烟支卷制工艺、"3+1" 烟支卷制工艺和 "4×1" 烟支复合工艺加热卷烟烟支的制备；应用模块化设计、全伺服独立驱动、视觉烟支质量检测等前沿技术，融入现代工业设计理念的外观造型，完美展现了中国烟机独具匠心的创造魅力；具有技术先进、智能诊断、智能控制、操作简便、维修方便、造型新颖等特点。

其主要技术参数如下：

（1）额定生产能力：8 000 支 /min。

（2）滤棒直径：ϕ5.4 ~ 8.0 mm。

（3）复合滤棒长度：45 ~ 84 mm。

（4）接装纸长度：19 ~ 27 mm。

（5）接装纸宽度：44 ~ 74 mm。

（6）有效运行率：≥ 85%。

图 4.41　YJ222 多元复合机

该机组具有以下主要技术特点：

（1）整机分布式的独立伺服驱动：采用独立伺服直驱技术，取消齿轮传动，实现平稳、精准和高效传动，无须油润滑，消除了漏油风险，简化了机械结构，维护保养便捷。

（2）新颖的外观造型：采用大型可折叠、全开式、多组滑动玻璃门外观造型，每组门均可独立折叠打开和左右滑动，可根据实际需要打开任一组门或全部打开，极大提升了整机的可操作性和维护便捷性。

（3）全自动盘纸库：采用全自动盘纸库自动上盘、自动拼接技术，实现了机组高速连续自动化生产，降低工人劳动强度。

（4）高速阀内置：高速阀安装在配气座里面，与吹气孔的距离很近，因此压缩空气从进气道出气经过的路径更短，阻力更小，所以烟支剔除与取样更准确、更可靠。

（5）功能完备的传感器检测系统：整机配置有 HID 检测系统、烟支全外观视觉检测系统、烟支端面视觉检测系统等，实现烟支质量的精准检测与控制，为整机生产高品质烟支保驾护航。

（6）水松纸电子喷胶系统：电子喷胶是利用高速阀快速通断来控制水松纸上胶图案，利用压力曲线来控制胶量大小。更改压力曲线可适应不同的水松纸材料上胶。电子喷胶具有自动清洁和湿润功能，具有材料适应性广泛，全胶、花胶切换便捷，维护简便，胶量任意调整等特点。

（7）高效可靠的循环冷却系统：温度智能控制的循环冷却系统用于确保整机多个重要部件的温度控制，如电控柜、水冷电机、热交换器，有利于提高整机运行可靠性和关键零部件的使用寿命。

2. 加热卷烟烟支接装纸搓接及分切设备简介

鉴于加热卷烟烟支长度较短的特点，在烟支成型工艺中多数设备无法像传统卷烟生产那样将双倍长加热卷烟分切为单倍长烟支并调头。因此，需额外增加一段分切工艺来完成单倍长加热卷烟的生产，同时可附加完成烟支接装纸的搓接。

如图 4.42 所示，与烟支搓接成型工艺类似，烟支接装纸搓接及分切工艺首先利用搓接鼓轮和搓板的相互配合完成双倍长烟支接装纸的包裹，随后将包裹好接装纸的双倍长烟支分切为两支长度相等的单倍长烟支。在该过程中，来自接装纸切割鼓轮的接装纸与双倍长烟支粘贴成旗帜状后传送到搓接鼓轮，经搓板刮刀取出后在搓板和搓接鼓轮间做纯滚动，从而将接装纸平整的包裹在双倍长卷烟外。双倍长烟支由传送鼓轮从搓板取出后在分切鼓轮处分切为单倍长烟支，并向下游包装工艺段输出。

1）CTU 接装机

CTU 接装机（见图 4.43）是一款由意大利 G.D. 公司针对双倍长加热卷烟分切调头设计的设备，最大生产速度可达 10 000 支 /min。如图 4.44 所示，输送至 CTU 接装机料库中的双倍长加热卷烟经分切鼓轮分切两段加热卷烟烟支后，再通过调头鼓轮将烟支方向调整一致，最后经检测合格后输送至下游烟支包装工艺。

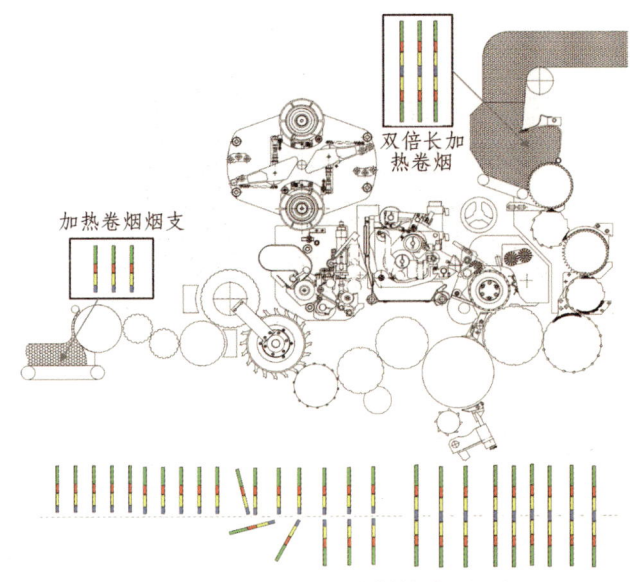

图 4.42　加热卷烟烟支搓接成型工序

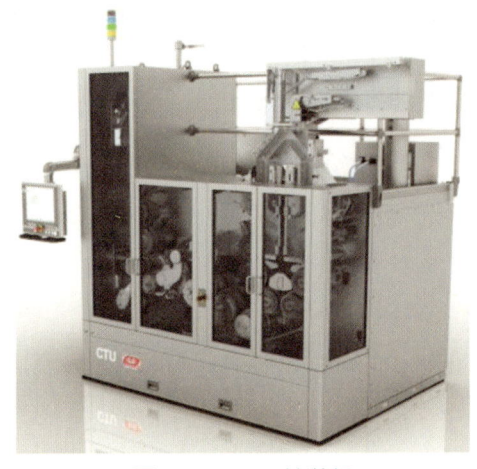

图 4.43　CTU 接装机

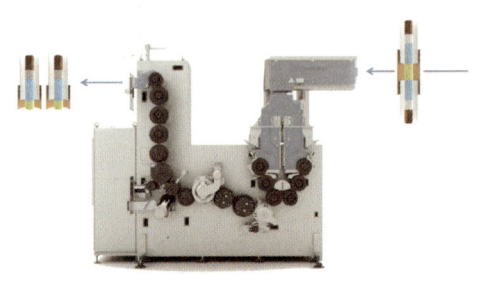

图 4.44　CTU 接装机工作原理

2）YJ27 接装机

YJ27 接装机（见图 4.45）是常德烟机在 ZJ17 卷烟机组基础上开发的加热卷烟烟支接装纸搓接及分切设备，额定生产速度 7 000 支/min，用于接收上游复合成型的双倍长加热卷烟。其采用双料库设计，可有效避免料库内烟支堵塞、横烟卡堵和发烟段折断等问题。如图 4.46 所示，经取烟、接装纸搓卷、分切、调头、检测和剔除等工序后将合格的成品加热卷烟输送至下游包装机组。

图 4.45　YJ27 接装机

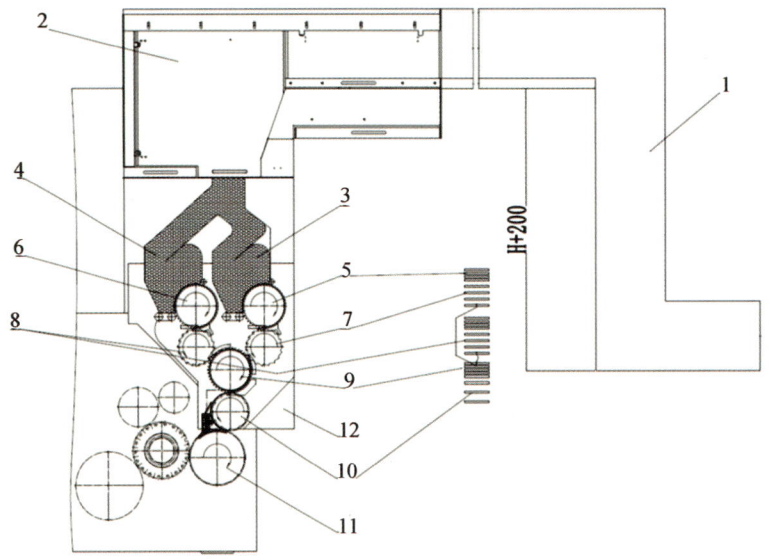

1—提升机直角提升段；2—加料头；3—右料斗；4—左料斗；5—右取棒轮；6—左取棒轮；
7—右传送轮；8—左传送轮；9—汇合轮；10—加速轮；11—过渡轮；12—传动箱和风仓。

图 4.46　YJ27 双料库供料系统平面布置

3）YJ218B 接装机

YJ218 接装机（见图 4.47）是常德烟机在 ZJ118 卷烟机组基础上，将其烟支接收供给系统重新设计为能够满足多倍长烟芯基棒处理工艺要求，以满足将烟芯棒基棒和三元复合滤棒接装为一支加热卷烟的工艺要求的设备，额定生产速度 6 000 支/min。其采用双料库设计，可有效避免料库内烟支堵塞、横烟卡堵和发烟段折断等问题。

如图 4.48 所示，其主要工作原理为，烟芯基棒通过大流量输送装置或手工送入基棒料斗后，在输送带、取料轮和反转辊联合作用下，连续进入取料轮轮槽，由两片旋转切刀分切为三列等长的双倍长烟芯棒，并传递到错位轮。在取料轮、错位轮和错位导向的作用下，三列双倍烟芯棒被周向错位成轴线不对齐的排列，传递到合一轮后，外列和内列的烟芯棒在负压作用下，沿轮槽轴向向中间运动，并形成与中列发烟段对齐的单列发烟段流，然后通过加速轮和传递轮进入一次分切轮，一片旋转的切刀将它们分切为两端等长的单长烟芯棒，再传递到分烟轮进行内外两列单长发烟段的轴向分离，后续工序与YJ218接装机完全一致。

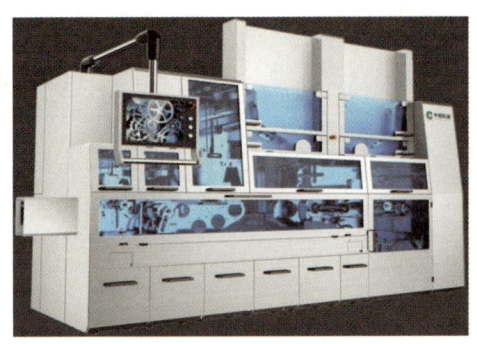

图 4.47　YJ218 接装机

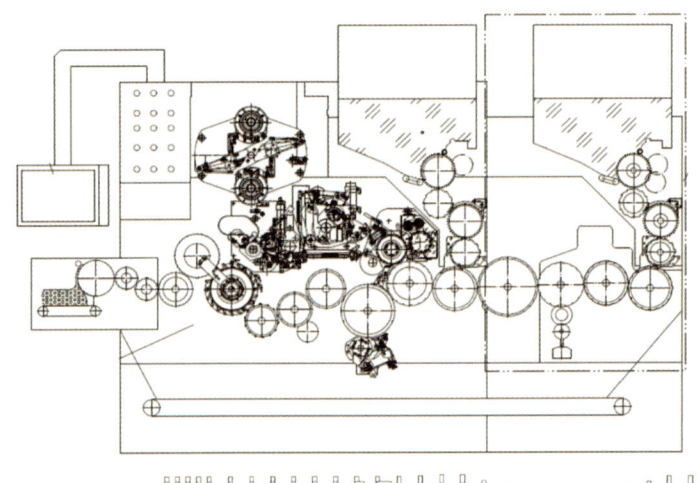

图 4.48　YJ218 接装机机工艺流程

4.3　加热卷烟烟支包装设备

4.3.1　加热卷烟烟支包装设备原理

加热卷烟烟支包装设备主要包括主机和辅机两部分。主机负责将加热卷烟烟支包装为烟包小盒的小盒包装工序，辅机则进行后续的小盒透明纸包装、条盒包装和条盒透明纸包装工序。根据主机小盒双内包包装形式，直包双内包装通常采用单通道和双通道的方式，而横包双内包装通常采用单通道的方式。

1. 单通道直包包装原理

类似传统卷烟包装工艺，如图 4.49 所示，在加热卷烟小盒单通道直包工艺中，内衬纸采用直式包装在单路水平成型通道中完成内衬纸纵向折叠，将 5-5 排列的烟支包裹在其中。通过通道与包装纸折叠转塔结合，将两个成型的内衬烟包推入转塔，与框架纸合并，完成加热卷烟小包的双内包装。框架纸、包装纸、烟包成型及烟包输送均采用单路输送技术。

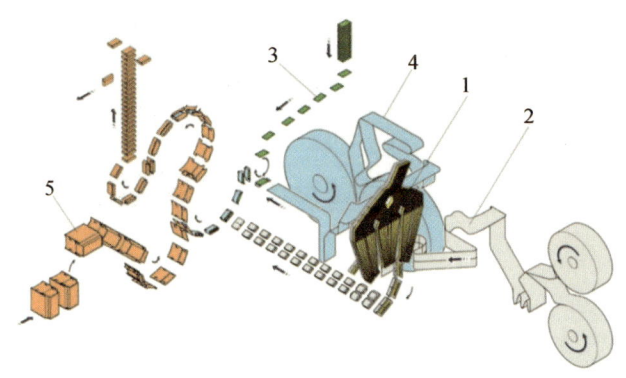

1—烟支；2—内衬纸；3—附券；4—框架纸；5—小盒商标纸。
图 4.49　小包双内包单通道直包工艺流程

2. 双通道直包包装原理

在加热卷烟双通道直包工艺中，烟支 5-5 排列的两个内衬烟包采用双通道输送方式，分别在两个成型通道内完成内衬纸的纵向折叠，如图 4.50 所示。然后，将两个内衬烟包与框架纸合并成型，最后推入到包装纸折叠转塔完成小盒烟包成型。框架纸、包装纸、烟包成型及烟包输送均采用单路输送技术。采用双通道直包工艺可实现加热卷烟双内包的中速包装，运行稳定，并可实现多种双内包包装形式。

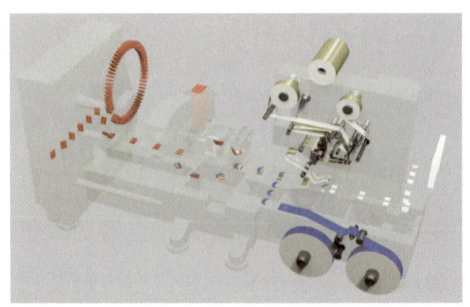

图 4.50　小包双内包双通道直包工艺流程

3. 单通道横包包装原理

采用单通道横包工艺进行双内包规格的烟支包装需采用间歇运动对烟包进行包装,即在完成 5-5 排列烟支内衬纸的折叠,形成单个内衬烟包后,推入到一边等待。待下一个内衬烟包折好后将两个烟包进行合并,合并后的烟包再与内框纸合并完成小盒烟包的折叠成型。随着包装技术的发展,借鉴糖果包装机的连续运动包装方式,出现了采用基于以烟包为中心、活动模盒交接技术的单通道轮式连续运动包装工艺。由此开辟了全新的双内包装工艺设计方向,基于现有高速包装结构进行双内包包装新型工艺设计。

4.3.2 加热卷烟烟支包装设备方案

目前,针对加热卷烟双内包包装结构,意大利 IMA 公司、德国 FOCKE 公司、意大利 G.D. 公司以及上海烟机等烟机厂商基于小盒包装机单通道直包包装原理,开发了成套的加热卷烟烟支包装设备,为加热卷烟烟支的高速包装提供了多种选择方案,如表 4.6 所示。以技术创新为动力,以提高机组运行稳定性为核心,以质量控制能力为保证,在机组自动化、智能化、人性化方面不断投入,满足客户个性化需求,全面推进卷烟包装技术的发展。

表 4.6　加热卷烟烟支包装设备方案

设备名称	速度/(包/min)	包装原理	制造商
IMA FLEX A	600	单通道直包	意大利 IMA
FOCKE F5	450	单通道直包	德国 FOCKE
G.D. XM	400	单通道直包	意大利 G.D.
ZB421	300	单通道直包	上海烟机

4.3.3 加热卷烟烟支包装设备简介

1. IMA FLEX A 包装机组

IMA FLEX A 包装机组(见图 4.51)是意大利 IMA 公司研制的一款高度柔性化硬盒包装机组,生产速度最高可达到 600 包/min。相较于传统包装机组,它采用电子扭矩控制对设备运动情况进行监控,确保包装流程稳定高效。同时,还可以有效地避免因烟包堵塞导致的零件损坏。基于模块化的设计理念,IMA FLEX A 包装机组可根据产品规格更换多种包装形式。

图 4.51　IMA FLEX A 包装机组

IMA FLEX A 包装机组由 FLEX-A5S 小盒包装机（见图 4.52）、FLEX-WF 小盒透明纸包装机（见图 4.53）和 FLEX-CO 条盒包装机（见图 4.54）组成。FLEX-A5S 小盒包装机采用独立伺服电机直接驱动技术，允许小盒包装机即使在设备发生停机时仍能完成整个包装流程，有效减少了废品小盒的剔除量。此外，FLEX A 包装机组还具备结构紧凑、设备占地空间小、堵塞可快速消除、噪声更低的特点。同时，还可配备自动机器人卸垛机和卷盘装载机，以提高辅料上料效率并降低操作人员工作强度。

图 4.52　FLEX-A5S 小盒包装机

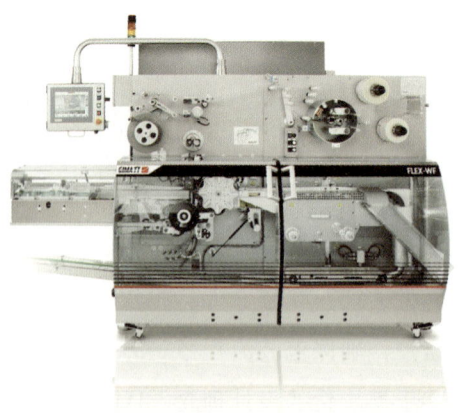

图 4.53　FLEX-WF 小盒透明纸包装机

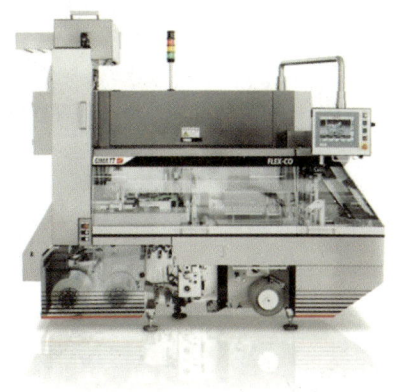

图 4.54　FLEX-CO 条盒包装机

FLEX-A5S 小盒包装机具备以下特点：

（1）三个烟支料库推杆均由独立的电机驱动，下烟通道出现堵塞的情况下设备仍可低速运行，如图 4.55 所示。

（2）内衬纸喂入和压花单元配备独立的 Boegli 压花装置（见图 4.56），通过负压将分切的内衬纸传送到进烟转塔。

（3）烟支和内衬纸在双内包成型通道内一次性完成纵向折叠，如图 4.57 所示。

（4）在双内包成型通道末端配置的双内包折叠输送装置（见图 4.58），保证双内包烟包推入第一包装转塔模盒的稳定性。

（5）商标纸采用负压在传送转塔（见图 4.59）输送，经过自动化上胶装置，然后完成商标纸的折叠。

图 4.55　烟支料库推杆

图 4.56　Boegli 压花装置

图 4.57 双内包折叠通道

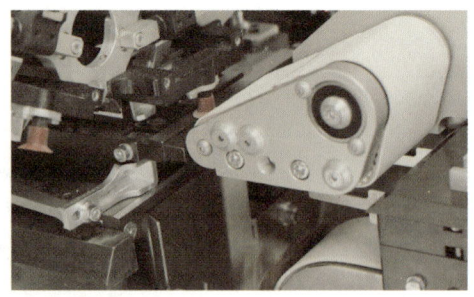
图 4.58 双内包折叠输送装置

图 4.59 商标纸传送转塔

FLEX-WF 小盒透明纸包装机具备以下特点：

（1）小盒透明纸包装折叠转塔的设计使得小盒与透明纸可在推进包装折叠转塔后即完成透明纸折叠成型，配合三组烙铁封口器快速完成包装封口，如图 4.60 所示。

图 4.60 小盒透明纸包装折叠转塔

（2）可通过机械或参数调节的封口压力、封口温度，以及恒定的封口时间，共同保证了更高的封口质量。

FLEX-CO 条盒包装机具备以下特点：

（1）基于条盒商标料斗的高度柔性化设计，FLEX-CO 条盒包装机可实现无条盒商标纸条盒包装（见图 4.61，仅含条盒透明纸）。此时，条盒商标纸成型通道仅作为小盒输送通道。

图 4.61　无条盒商标纸条盒包装

2. FOCKE F5 包装机组

FOCKE F5 包装机组（见图 4.62）是德国 FOCKE 公司采用模块化和平台化理念研制的一款中速硬盒包装机组。整机主要由 552 型双内包小盒包装机（见图 4.63）、751 型小盒透明纸包装机（见图 4.64）、411 型条盒包装机（见图 4.65）组成，生产速度最高可达到 450 包 /min。为适应日新月异的市场变化，包装机组已不再拘泥于普通的包装工艺。

图 4.62　FOCKE F5 包装机组

图 4.63　552 型双内包小盒包装机

图 4.64　751 型小盒透明纸包装机

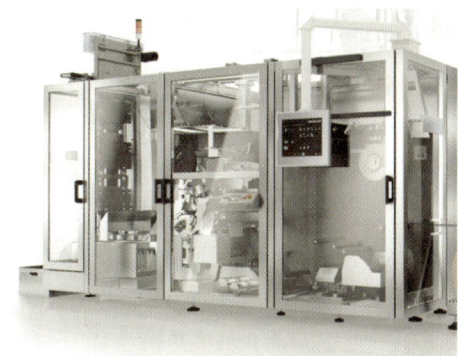

图 4.65　411 型条盒包装机

该机组具有以下技术特点：

（1）相较于过去的 FOCKE 包装机组，FOCKE F5 包装机组具有高度零备件通用率，该机组与 F8 包装机组机械零备件通用率可达 60%，电气件通用率可达 100%。

（2）基于模块化的设计理念，FOCKE F5 包装机组可完成 10～25 支的盒装卷烟、60～100 mm 长度的卷烟，以及 5.4～8.2 mm 直径的卷烟包装规格的快速切换。同时，还可在圆角小盒包装和直角小盒包装间进行快速切换。

德国 FOCKE 公司的硬盒包装设备一直沿用内衬纸直包工艺，能够体现较好的产品延续性。在不断完善提升单通道直包工艺的基础上，通过双通道直包工艺实现包装速度的成倍提升，在生产速度仍处于中高速的状态下，保证了原辅材料的适应性。基于包装工艺的一致性，在产品使用、维护，包括零备件的通用性上有较高的继承性，FOCKE 硬盒包装机组获得了较高的接受程度。

3. G.D.XM 包装机组

G.D. XM 包装机组（见图 4.66）是意大利 G.D. 公司研制的一款高度柔性化硬盒包装机组，生产速度最高可达到 400 包 /min。机组主机为 XM 小盒包装机（见图 4.67），辅机可搭配 WX 小盒透明纸包装机（见图 4.68）和 BX 条盒包装机（见图 4.69）。模块化的设计理念，使得 G.D. XM 包装机组在加热卷烟等新兴卷烟制品包装方面具备更高的柔性化和扩展可能性。

图 4.66　G.D. XM 小盒包装机组

图 4.67　XM 小盒包装机

图 4.68　WX 小盒透明纸包装机

图 4.69　BX 条盒包装机

4. ZB421 包装机组

ZB421 包装机组是上海烟机研制的一款用于加热卷烟生产的硬盒包装机组,生产速度最高可达到 300 包 /min。机组主机为 YB421 小盒包装机,搭配辅机为 YB55A 小盒透明纸包装机、YB65A 条盒包装机以及 YB95A 条盒透明纸包装机。机组电控系统采用 BECKHOFF IPC 嵌入式控制器、Profibus DP 总线技术,配合 ELAU 伺服控制系统可实现加热卷烟双内包内衬包装及十包立式条盒包装。采用现有设备集成创新与自主创新相结合的方式,整机控制系统统一、传动平稳、包装精度高,辅料供料自动化程度高,并且不新增进口件,标准件、外购配套件实现全面国产化采购。

主机 YB421 小盒包装机采用 ZB48 小盒包装机组的双路直包包装工艺,烟库和内衬烟包的成型采用原有的双路输送技术,成型后将两个内衬烟包进行合并,同时与套口上方的框架纸合并成型,最后再推入到包装纸折叠转塔完成小盒烟包成型。框架纸、包装纸、烟包成型及烟包输送均采用单路输送。辅机采用 ZB45 硬盒硬条包装机组的辅机成型工艺技术,对其进行税票装置以及新型立包技术的改进设计,以完成相关的包装要求。

如图 4.70 所示,上游机把烟支送入 YB421 小盒包装机的烟库中,经过搅动辊分离进入 4 组共 20 个下烟通道,烟支被推进器推入七角轮模盒中形成 4 个烟组,在推进过程中利用两侧固定的导向块对烟支组进行成型。双路平行且固定距离的成型烟组在七角轮完成烟支端和烟丝端烟支检测,然后在底部工位由下游第一输送链上的凸耳推送到第一输送链上。烟支组推入到第一输送链的平台上后,在凸耳的作用下向前输送;经烟支整理装置整理后,采用直包工艺与分切好的内衬纸完成内衬纸烟包的预成型包装;经固定折叠器和往复模盒装置完成双内包长侧边和前侧角、下折边的折叠,框架纸在随往复模盒向前移动过程中向前输送,推手箱体中第一推手对内衬烟包上折边进行折叠,同时推着框架纸及内衬纸烟包经过固定模盒及检测装置进入到并包模盒。并包模盒装置在相关机构驱动下，使两个内衬纸烟包完成合并到框架纸下方。随后由推手箱体第二推手推动内衬纸烟包及框架纸，经过框架纸螺旋折叠器，对框架纸两侧边进行折叠，最后将带有框架纸的两个并排内衬纸烟包推入到盒包装纸折叠转塔中。

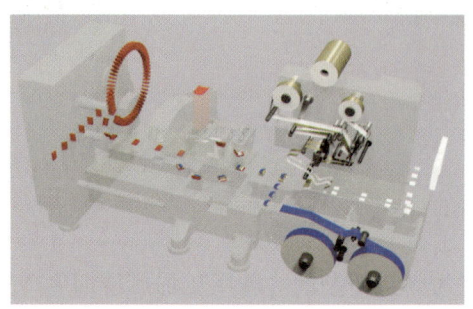

图 4.70　YB421 小盒包装机工艺流程

盒包装纸堆经绑带裁切后被输送至盒包装纸库，随后，单张盒包装纸被吸取、输入盒包装纸成型部件，经打制钢印和喷胶后，盒包装纸被压入盒包装纸折叠转塔，同时完成预成型。盒包装纸折叠转塔内的盒包装纸经双折边折叠后，在折叠转塔 3 工位接收来自往复模盒的内衬纸烟包，随后完成盒包装纸顶部内盖片的折叠，经 5、6 工位完成框架纸定位、顶部直角折叠和前后盖片折叠后，由第二输送链将烟包送入烟包轨道。

盒包装纸在烟包轨道中部完成长侧边上胶，在烟包轨道末段完成烟包成型，随后合格烟包被提升至烟包传递轮，不合格的烟包将被剔除。经定形、对齐后，烟包被送入第一干燥轮。第一干燥轮内烟包被烘干定型后推入烟包输出轮并随后送往输出通道，经烟包检测装置检测，不合格烟包被剔除，合格烟包通过烟包通道末端上的转向装置转向后进入下游烟包高架输送通道。

如图 4.71 所示，预切成型的税票通过吸风扇形块吸取，在滚轮输送过程中实现预切痕（折角贴）、涂胶后被粘贴器提取并粘贴在烟包上。已粘上拉线的透明纸被裁切成定长并输送到位，与烟包呈 U 形包裹实现烟包前面两端小面折叠，接着进行烟包侧面长边下折叠。在成型轮旋转过程中完成侧面上上长边透明纸折叠和二次侧面上长边热封。当烟包旋转 180° 翻身之后，烟包进入折叠通道，实现烟包两端下翼的折叠，随后烟包在提升中实现烟包两端上翼的折叠。被叠成 2 包的烟包进行烟包两端的热封，这样完成了烟包的透明纸包装。

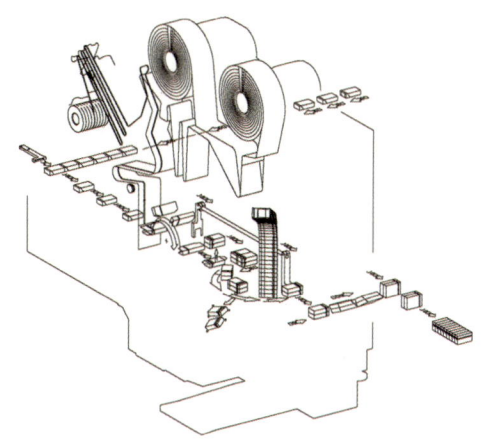

图 4.71　YB55A 小盒透明纸包装机工艺流程

完成透明纸折叠并叠成两层的烟包依次输入，由翻包装置向前输送，完成烟包 90°翻转，使其侧面朝上，然后烟包进入螺旋通道，翻转 90° 后顶面朝上，继续向前输送至机器的输入通道，由挡板控制每次 10 包的输送量。

如图 4.72 所示，纸库内的条包装纸经输送也被送至机器的包装位置，在输送过程中，对硬盒纸所需的封合折边进行涂胶，然后让硬盒纸向前推进，使硬盒纸呈 U 形。再向前推送已排好的烟包，并将烟包送入已呈 U 形的硬盒纸内，此时硬盒纸还未完成两前角的折叠。条盒再向前至工位 3，对条盒的长折边进行折叠。如使用的是美式硬盒纸，则对条盒的下侧短边进行折叠；如使用的是欧式硬盒纸则对条盒的下侧短边进行折叠。最后，条盒完成两端短边的折叠，并且两端被封合，至此完成了条盒的整个包装。

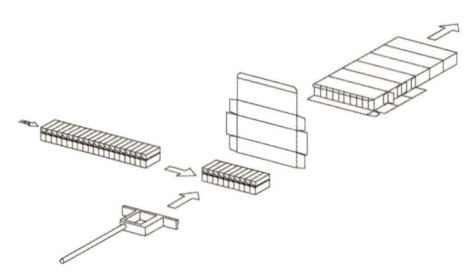

图 4.72　YB65A 条盒包装机工艺流程

如图 4.73 所示，从 YB65A 条盒透明纸包装机推出的硬条盒被推送至第一顶升器上，被剪切成定长并粘有拉带的透明纸也被钳送到机器的包装位置（已到位的硬条盒的上方）。此时，顶升器开始顶升（见图中 a 工位），在顶升过程中透明纸呈 Π 形包裹，条盒至 b 工位，然后在中层台面进行水平推送和折叠。在 c 工位，透明纸完成了前长边折叠，后长边折叠，两端前边和后边的折角后，被继续推送至 d 工位。在 d 工位完成长边折叠处的热封（烙烫），在推送过程中完成两端下边的折叠。到达 e 工位，条盒继续向前，被推入第二顶升的 f 工位。最后，条盒在第二顶升的过程中完成透明纸两端面的热封（见 g 工位），包好的透明纸条盒被顶升至五条（目前用户使用的设备大多为一条推出形式）后由推板推至输出通道，在通道的推进中继续给予一定的压紧和加热，从而保证了端面热封的质量，至此完成了透明纸条包的整个包装过程。

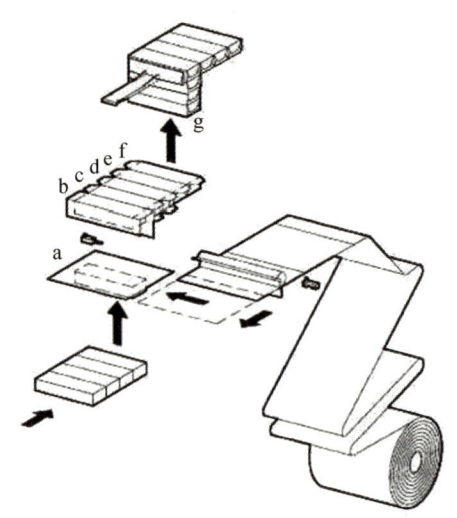

图 4.73　YB95A 条盒透明纸包装机工艺流程

4.4　加热卷烟存储输送设备

4.4.1　加热卷烟存储输送设备原理

加热卷烟储存输送系统是卷烟自动化生产线中的重要组成部分，通过柔性的连接方式将基棒成型工序、加热卷烟烟支卷制工序、加热卷烟包装工序进行串联，柔性地完成加热卷烟的自动输送、储存和缓冲调节，实现加热卷烟卷接包生产工艺的连续化生产，提高整个加热卷烟生产的有效作业率。目前，行业内加热卷烟生产企业使用较多的几种卷烟输送储存原理有：装卸盘式存储输送原理和转载式存储输送原理。

1. 装卸式存储输送原理

装卸式存储输送原理是采用装载装置、卸载装置和大流量输送通道实现连续装卸功能的方法。装卸式储存输送工艺的工作原理如图 4.74 所示，采用装载和卸载的方式来匹配上游生产工序和下游生产工序运行速度的不平衡。如在加热卷烟烟支卷制工序中，当加热卷烟烟支复合工序的速度大于加热卷烟烟支接装工序的生产速度时，装载装置则会将加热卷烟烟支接装工序不能完成分切的双倍长加热卷烟烟支装盘；当加热卷烟烟支复合工序的生产速度小于加热卷烟烟支接装工序的生产速度时，卸载装置则向通道上补充双倍长加热卷烟烟支；当加热卷烟烟支复合工序的生产速度等于加热卷烟烟支接装工序的生产速度时，双倍长加热卷烟烟支由加热卷烟烟支复合工序经输送通道直接流向加热卷烟烟支接装工序。此外，该系统还为采用外部储存系统创造了便利的条件。如果装载装置料盘台已占满，烟盘可采用搬运机械手输送至外部储存系统。反之，料盘台上无烟盘时可发出需求信号让外部储存系统输出储存的烟盘至装载装置。

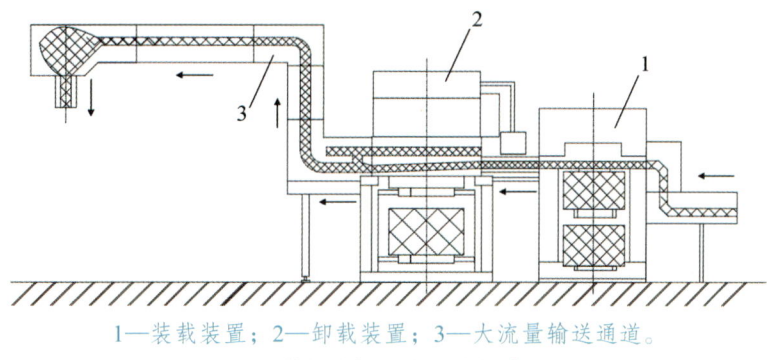

1—装载装置；2—卸载装置；3—大流量输送通道。
图 4.74 装卸式加热卷烟储存输送原理

装卸式存储输送原理是采用传统装、卸装置实现生产缓冲的加热卷烟储存输送系统，技术比较成熟。它可将加热卷烟烟支卷制工序生产出来的双倍长加热卷烟整齐平稳地输送给加热卷烟烟支接装工序，并可根据加热卷烟烟支卷制工艺和加热卷烟烟支接装工序的工作情况通过装载装置和卸载装置对其所输送的双倍长加热卷烟烟支流量进行实时控制和调节，使加热卷烟烟支接装工序协调一致地达到最佳工作状态。

2. 转载式储存输送原理简介

转载式存储输送工艺主要用于加热卷烟高速生产线上，采用后进先出存储输送工艺，通过大流量输送通道与存储器的配合将加热卷烟上游的生产工序（如加热卷烟卷制工艺）与加热卷烟下游的生产工序（如加热卷烟包装工艺）直接柔性地连接起来，以取代装盘机、卸盘机和手工作业，完成烟支的自动输送、储存和缓冲调节，使加热卷烟生产线实现高速自动化，提高工作效率和降低劳动强度。该工艺的主要原理如图 4.75 所示，加热卷烟从上游的生产工序输送到下游的生产工序。当上游的生产工序出现停机或故障时，利用存储器对下游的生产工序补充卷烟；当下游的生产工序出现停机或故障时，利用存储器进行烟支的储存；上游的生产工序和下游的生产工序正常运行时，根据二者速度和存储器料位高度进行输送、储存或者补充，从而提高整个加热卷烟生产线的有效作业率。目前，该工艺在国内外高速卷烟生产线中使用较多，预计未来在加热卷烟生产线中也将占有较大份额。

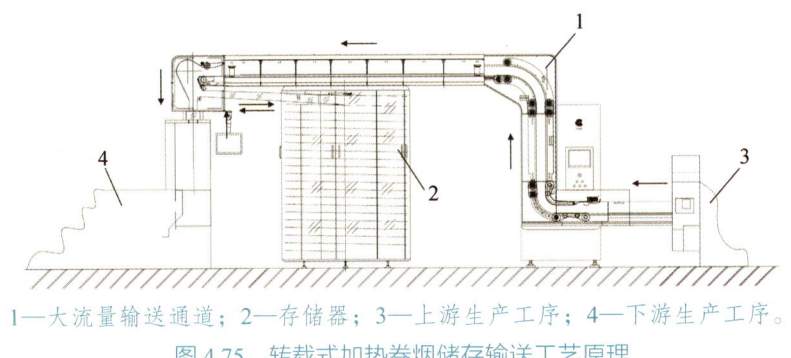

1—大流量输送通道；2—存储器；3—上游生产工序；4—下游生产工序。

图 4.75　转载式加热卷烟储存输送工艺原理

4.4.2　加热卷烟存储输送设备方案

随着加热卷烟生产规模的逐步扩大，加热卷烟的生产将由多批次小规模逐渐向大批量转变。为满足大批量生产的需求，加热卷烟生产设备必须具有高效的自动化，对工厂生产线柔性化、智能化的要求越来越高，即要求生产设备必须具有高效、高柔性，以适应多品种生产的要求。如表 4.7 所示，国内卷烟生产企业使用较多的几种卷烟储存输送系统有：MOLINS 公司生产的 MATCH、HAUNI 公司生产的 COMFLEX、G.D. 公司生产的 S90，以及由这 3 种产品引进消化并国产化生产的 ZF12B、YFl7 等。

表 4.7　加热卷烟烟支存储输送设备方案

设备名称	存储原理	存储输送工艺	输送能力	制造商
COMFLEX-M	装卸式	先进先出	12 000 支/min	德国柯尔柏
VENTIS	装卸式	先进先出	12 000 支/min	德国柯尔柏
YFl7	转载式	后进先出	20 000 支/min	许昌烟机

4.4.3　加热卷烟存储输送设备简介

1. COMFLEX-MV 卷烟储存输送装置

COMFLEX-MV 卷烟储存输送装置（见图 4.76）是加热卷烟烟支成型工艺中复合滤棒成型机组与接装机之间的柔性连接设备。它将复合滤棒成型机组和接装机有机地连接在一起，主要用于双倍长加热卷烟烟支的缓冲储存和输送，每分钟最多可输送 3 个料盒

（12 000 支）双倍长加热卷烟。当复合滤棒成型机组和接装机生产速度不匹配时，可自动储存来自复合滤棒成型机的双倍长烟支或向接装机补充双倍长烟支，最大限度地减少加热卷烟烟支成型工艺中，上、下游机之间的相互制约，并提供了一种无限存储双倍长加热卷烟的灵活性方案。

图 4.76　COMFLEX-MV 卷烟储存输送装置

COMFLEX-MV 卷烟储存输送装置是德国科尔伯集团在 COMFLEX-1 的基础上不断升级后的改进产品。它主要由 HCF-M 装盘机、MAGOMAT-M 卸盘机及大流量 RTS-V 卷烟输送装置三部分组成，三者之间由可编程序控制器进行有效协调和控制。基于 QSC 快速尺寸更换功能，可以完成生产规格的快速更换，并可在普通盘、间隔盘和纸板盒之间转换。

COMFLEX-MV 卷烟储存输送装置技术参数：

（1）产品长度：60 ~ 100 mm。

（2）产品直径：5.3 ~ 9.0 mm。

（3）烟盘规格：外高 380 ~ 430 mm。

外宽 500 ~ 740 mm。

深度 75 ~ 175 mm。

（4）额定输送能力：3 个料盒（12 000 支）/min［可扩展至 4 个料盒（16 000 支/min）］；

滤嘴卷烟在系统内的方向：滤嘴朝外或朝内均可。

（6）系统内烟盘储存量：装盘机空盘输送道上可储存 9 个空盘；卸盘机满盘输送道上可储存 15 个满盘。

2. VENTIS 物料站

VENTIS 物料站（见图 4.77）是德国科尔伯集团研制的基于先进先出原则的棒段存储输送设备，通过所配备的 QSC 快速规格切换功能可实现物料站存储规格的自动在线调整，以适应不同长度产品规格的存储和输送。以其较高的柔性化和灵活性将加热卷烟各生产工序连接起来，无须物料流提升机构可实现物料流进/流出的高度调整。

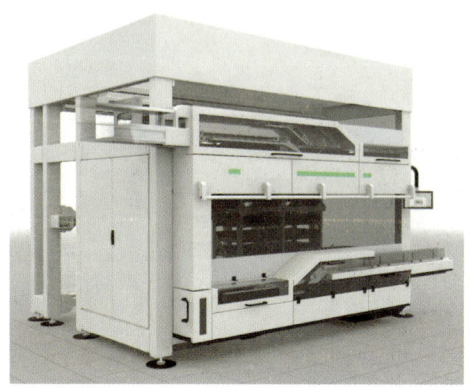

图 4.77　VENTIS 物料站

该输送设备具有以下主要技术特点：

（1）最大生产效率可达 98%。

（2）高达 12 000 支/min 的大流量输送（加热卷烟规格）。

（3）加热卷烟标准容量可达 150 000 支。

（4）存储产品直径范围 $\phi 4.6 \sim 9.0$ mm，长度 40 ~ 70 mm。

（5）适用于所有传统香烟和过滤嘴的存储输送，特别适合用于长度较长且较重的产品存储及输送。

作为第一个将大流量输送连续储存到存储库中的解决方案，如图 4.78 所示，通过底部的装盘机构，可连续地将物料盘成组的传送并存放在货架系统。并通过顶部的物料卸盘机构，为加热卷烟的生产提供稳定的物料流输出，并最大限度地保护该类短支产品不受损坏。

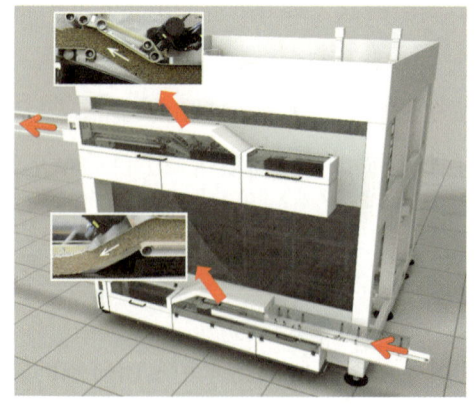

图 4.78　VENTIS 工作原理

3. YF17A 卷烟存储输送装置

YFl7A 卷烟存储输送装置（见图 4.79）是许昌烟机公司生产的，用于卷接机组和包装机组之间的直接柔性连接装置，通过烟支的自动输送、储存、缓冲调节，实现加热卷烟生产线中上游机组和下游机组的连续生产，可用于连接生产速度为 6 000 ～ 16 000 支 /min 的卷包机组。其 14 万支的烟支储量，可为以 16 000 支 /min 速度运行的高速卷烟机或包装机提供约 9 min 的储烟或供烟时间。

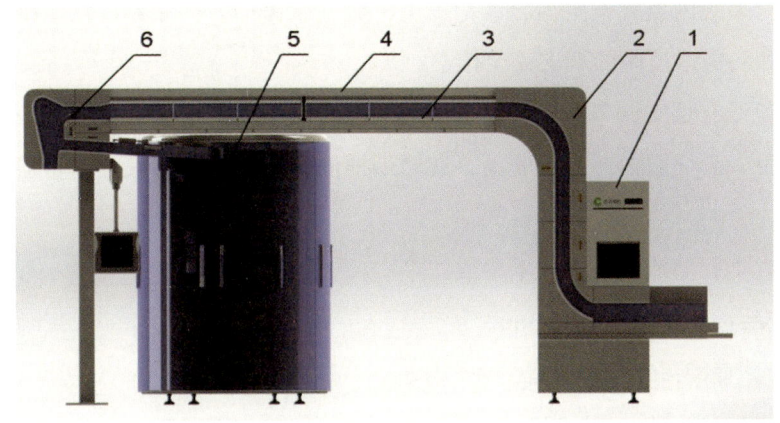

1—电控柜；2—提升机 3—高位输送器；4—存储器桥架；5—存储器；6—下降装置。
图 4.79　YFl7 卷烟存储输送装置总体结构

YFl7A 卷烟存储输送装置主要由电控柜、提升机、高位输送器、存储器桥架、存储器、下降装置六部分组成。提升机由取样段、入口转弯段、垂直提升段、出口转弯段四部分组成。提升机取样段由一台减速电机驱动，带动链板把烟支从上游接装机输送到入口转弯段。提升机入口转弯段则由一台减速电机驱动链板将烟支进行大半径转弯，最大限度地保证烟支在转弯过程中平稳，防止皱纹产生。同时，该减速电机同样驱动提升机垂直提升段和出口转弯段，通过链板把烟支平稳地输送到高位输送器中，全过程的链板均进行弹性张紧。YF17A 卷烟存储输送装置高架输送器采用前后均可打开的玻璃门，无论从正面还是后面均可以看见烟支。玻璃门打开 90° 时在玻璃门支撑组件的作用下可停在此处，方便清理乱烟和机器调试、清洁等。YF17A 卷烟存储输送装置底部有接尘盒，从而保证高架下方不会有烟沫掉下，上架体组件内暗藏存储器的电缆及信号线，使得整体协调、美观。

下降装置包括入口输送、烟支缓存、斜向通道、下降通道、触摸屏等组件。入口输送由高架输送电机带动上主动轮，上主动轮带动上输送带，从而输送烟支进入烟支缓存通道中。烟支斜向通道采用上下两条平皮带作为烟支的输送带，这两条输送带用同一台减速电机驱动，上下两条输送带分别设置一个自动张紧器，使输送带在运行过程中始终保持一定的张紧力。下落通道设计为 65° 倾斜形式，降低了因垂直下落所造成的烟支压力过大的程度。

存储器本体为铸造铝合金筒体，采用不锈钢螺旋钢带作为储烟装置，螺旋钢带的导轨为嵌入式超高分子耐磨材料制成的螺旋轨道，采用矩形不锈钢条作为螺旋钢带的导向传动件，外围装有有机玻璃门。存储器的动力由一台减速电机提供，并通过两级齿轮进行减速。动力系统内设置安全离合器，提供机械过载保护。存储器设置全排空装置，能够将存储器和斜向通道内的烟支完全排空。

下降装置设有烟支调节器，根据烟流的情况对储烟桶的速度进行调节。斜向通道和储烟桶分别由一套伺服控制系统驱动，在储烟桶伺服电机上装有安全离合器，提供机械过载保护。

YF17A 卷烟存储输送装置技术参数：

（1）产品长度：84 ~ 100 mm。

（2）产品直径：5 ~ 9 mm。

（3）最快输送速度：20 000 支 /min。

（4）最大存储量：140 000 支。

滤嘴卷烟在系统内的方向：滤嘴朝外或朝内均可。

4.5 加热卷烟制备技术发展趋势

4.5.1 烟芯棒基棒成型技术

对于不同状态的生产原料，烟芯基棒的成型工艺千差万别。完全有序烟芯棒基棒的生产原料为一定幅宽、一定克重的芯基材卷，而混序和无序烟芯棒（见图 4.80）的生产原料则是以芯基材片制成的定长定宽的芯基材丝（见图 4.81）。因此，完全有序烟芯棒基棒多基于滤棒纸质压纹成型工艺进行改进、而混序、无序烟芯棒基棒多基于卷烟吸丝成型工艺进行改进。此外，随着新材料、新工艺在加热卷烟产品开发中的不断应用，各类新式烟芯基棒生产方式不断涌现，还出现了采用挤压吹塑工艺和 3D 打印技术生产的固态烟芯棒（见图 4.82），对于满足快速变化的市场需求具有重要作用。从规模化生产效率和产能角度分析，无论烟芯棒基棒形态如何变化，为实现高速和高效生产，可以预见未来加热卷烟烟支形态仍将以棒状物形态出现。

图 4.80 混序排列烟芯棒

图 4.81 等长等宽薄片

图 4.82 挤塑工艺固态烟芯棒

4.5.2 烟气感官质量提升技术

在各国政府力求降低吸烟人群比例的环境下，以及世卫组织对新型烟草制品采用风味轮口味特征吸引更多年轻人吸烟问题的关注下，在美国食药监局（FDA）烟草预上市申请（PMTA）、欧盟烟草制品法令（TPD）、中国电子烟管理办法和电子烟国标等监管政策中，均明令禁止销售除烟草味外的其他口味烟草制品，包括采用水果口味和薄荷口味等赋味增香的传统卷烟、加热卷烟及电子烟均受到限制。受该类禁令影响，多国已禁止添加薄荷醇等凉味剂的调味烟草制品上市销售。在仅允许烟草本味加热卷烟销售的前提下，风味轮香精香料的添加将受到白名单制度的严格限制。现有利用叶组配方赋香、辅料配方赋香（加香卷烟纸、加香水松纸）、滤棒配方赋香（加香甘油、爆珠、香线、凝胶）等技术和手段均将受到掣肘，仅能通过加热卷烟感官质量的提升修饰来进一步赢得消费者和市场。

对加热卷烟感官质量进行修饰，以接近传统卷烟感官质量的品吸感受赢得消费者和市场，在提升烟雾量和烟碱递送一致性的同时，还需最大程度还原烟草的自然香气和甜润感。采用叶组配方设计和白名单香糖料配方优先实现烟气感官质量的提升。同时，在合规前提下，在已有赋香技术的基础上通过加热卷烟芯基材固体香料、植物颗粒特殊滤棒、天然香料卷烟纸和水松纸等天然赋香技术的应用，充分利用加热卷烟 40～350℃ 烟气温度热解产生果香类、辛甜/药草香类、烘烤香类、清香类、花香类、奶香类、木香类、烟草香等改善口感和舒适性类香味成分。

4.5.3 绿色环保滤棒技术

绿色环保、可持续发展的理念已成为当今时代的主旋律。在各种环保法规中，于 2021 年 7 月 3 日生效的欧盟限塑令 Single-Use Plastic Directive（EU）2019/904（一次性塑料制品指令）也适用于醋酸纤维丝束滤嘴烟草制品。特别是在根据欧盟烟草制品指令（TPD）进行烟草产品上市备案时，需明确申报该卷烟产品是否含有滤棒以及滤棒长度。为实现烟草行业的环保和绿色发展，实现 100% 环境友好型材料在卷烟制造中的应用及普及，随着未来多段式结构加热卷烟中醋酸丝束基棒朝着纸质滤棒（见图 4.83）或纸管滤棒方向演变，纸质滤棒成型机组（见图 4.84）将逐渐成为滤棒成型设备的主流机型。

图 4.83　纸质滤棒

图 4.84　ITM 公司 Polaris P 纸质滤棒成型机

4.5.4　溯源跟踪技术

作为近年来烟草行业防伪溯源管理的重要技术手段之一，二维码技术已逐步向精准营销和质量溯源的方向发展。由于加热卷烟多为出口订单的生产方式，溯源二维码均由各国政府通过云平台提供。因此，相比传统二维码技术多采用预印刷的方式对小盒、条盒和件箱进行赋码，为满足海外市场监管条件的需求，加热卷烟需采用在线打印的方式对小盒、条盒和件箱进行赋码。

实现溯源跟踪技术的关键是将每 10 小盒二维码与对应的一个条盒二维码进行精准关联，再将 50 个条盒二维码与 1 个件箱的二维码进行精准关联。再通过独立的管理平台，对二维码打码关联所需要使用的二维码包进行管理。在开始生产前，通过管理平台系统获取经销商提供的本批次所有二维码（在线、离线均可）。获取码包后，系统将进行二维码验码、审核和导入工作。加热卷烟生产商只需在管理平台上选择相应卷烟牌号，点击投入生产后激光打码设备即可进行打码工作。生产结束后，管理平台将会把已关联二维码和未使用二维码进行区分形成数据包发回经销商，形成闭环。

1. DataMatrix 二维码

DataMatrix 是一种矩阵式二维条码，原名 Data code，于 1989 年由美国国际资料公司发明，广泛用于商品的防伪、统筹标识。如图 4.85 所示，DataMatrix 外观是一个由许多小方格所组成的正方形或长方形符号，可分 ECC000-140 与 ECC200 两种类型。其最大特点就是密度高，其最小尺寸是所有条码中最小的码，可在仅仅 25 mm² 的面积上编码 30 个数字。由于采用了复杂的纠错码技术，使得该编码具有超强的抗污染能力。同时，对终端要求不高，30 万像素的手机摄像头就可识别。

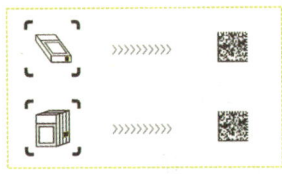

图 4.85　小包 DataMatrix 二维码

2. 在线激光打码技术

如图 4.86 所示，在线激光打码技术是通过外围控制系统导入需打印的二维码图形，并通过位置检测装置检测烟包、烟条、件箱位置从而在合适位置实现在线二维码打印的方法，达到二维码在线打印的效果。激光打码采用激光灼烧材料表面油墨从而形成图案的原理，在灼烧过程中会产生微量烟尘，当烟尘达到一定浓度时可能产生气味。因此，需考虑加装空气净化装置对打码产生的烟尘进行处理。

图 4.86　在线激光打码技术

3. 盒条件二维码在线关联技术

如图 4.87 所示，加热卷烟盒条件在线关联技术采用二维码读取装置对生产中的烟盒、烟条和件箱的二维码进行读取，并将各二维码关联以能够细致地追踪和验证每包香烟，方便消费者和零售商验证产品真实性。这种技术不仅确保了产品的质量和安全，而且有效防止假冒伪劣产品的流通，同时提供了一种手段来追溯产品来源，确保供应链的透明度。

图 4.87　二维码在线读取装置

4. 溯源跟踪技术方案

如图 4.88 所示，以玉溪卷烟厂一组 FLEX A 包装机组为例，根据溯源跟踪技术方案通过在线打码系统、盒条关联系统、条件关联系统三套系统，即可在卷包生产线实现小盒在线打码、条盒在线打码、件箱在线打码、小盒在线验码、盒条在线关联、条件在线关联以及产品剔除等功能。

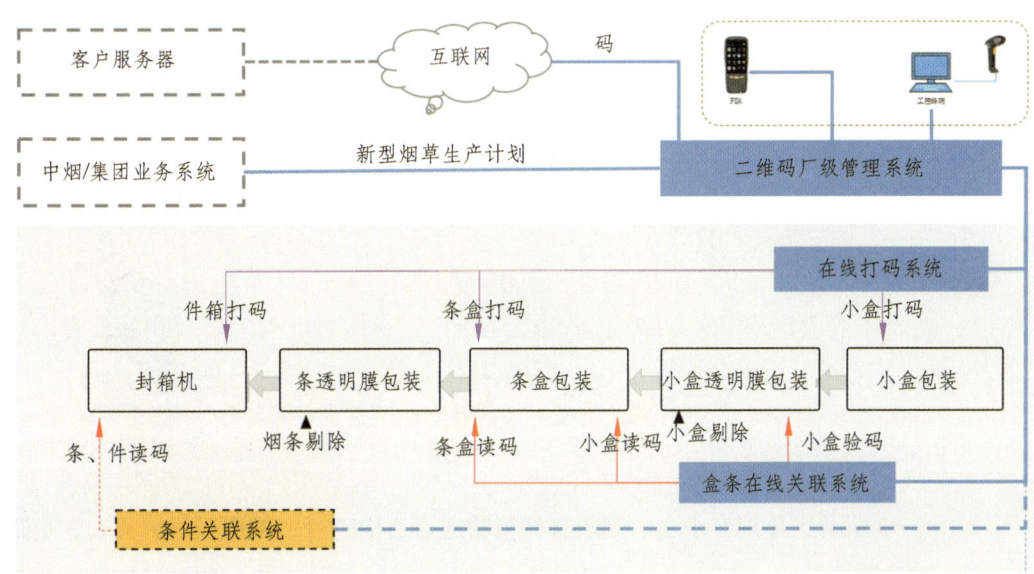

图 4.88　溯源跟踪技术方案

该方案具有以下几点优势：

（1）生产成本较低。生产过程中手动剔除的烟条、烟包都可以进行二次处理，降低生产成本。

（2）二维码废品率为零。当发现二维码数量不够完成订单时，可点击二维码批量回收，此时系统会将已打码但并未装箱的所有二维码回收进系统，并重新进行打码关联。整个过程不会影响操作流程，也使得二维码不会因为机器剔除等原因造成浪费。

（3）废弃烟包二维码无须毁形。系统会将已打码但并未装箱的所有二维码回收进系统，导致废弃烟包二维码失效，因而无需对废弃烟包二维码进行毁形处理，进一步降低了生产成本，提高了生产效率。

1）激光在线打码系统

如图 4.89 所示，激光在线打码系统至少包含 3 台激光打码设备、1 套用于控制赋码的现场赋码软件、1 台用于运行赋码软件的工控机，以及必要的网络。工控机通过网络连赋码设备和厂级二维码管理服务器。运行于工控机的赋码软件与工厂二维码管理系统通信，接收管理系统分配的二维码，实时传递给 1 号、2 号和 3 号赋码设备，1 号、2 号和 3 号赋码设备根据接收的二维码信息分别对小盒、条盒和件箱进行赋码，并接收赋码设备反馈的信息，存储和上报在线喷码数据。

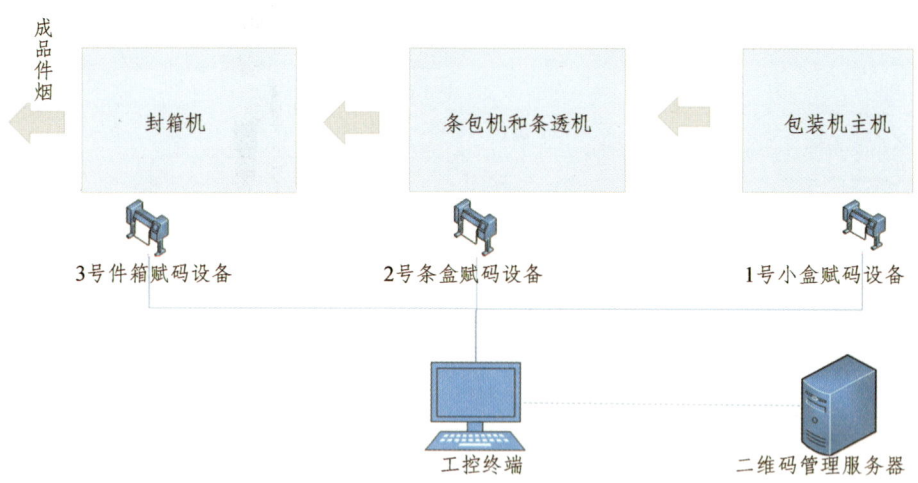

图 4.89　激光在线打码系统结构

如图 4.90 所示，分别在小盒、烟条和件箱输送通道中进行二维码赋码，通过 3 个激光在线打码装置实现盒条件二维码在线赋码。同时，通过二维码读取装置对打码位置及打码效果进行验证，以防止异常二维码流入后续工序。

图 4.90　小盒及条盒提升通道在线打码装置

2）盒条件二维码在线关联系统方案

如图 4.91 所示，盒条件二维码在线关联系统中至少需包含 4 台在线读码器、1 套用于关联计算的关联软件、1 台用于运行关联软件的工控终端，以及必要的网络。工控终端通过网络连接读码器和厂级二维码管理服务器。1 号读码器进行小盒二维码验证读码，通知系统将二维码不合格的小盒剔除；2 号、3 号、4 号读码器分别在线读取经过的小盒、条盒及件箱二维码，实时传给关联软件，关联软件根据收到的码及设备运行状态进行关联运算算法，实现小盒、条盒、件箱二维码的准确关联，并存储和上传关联数据。

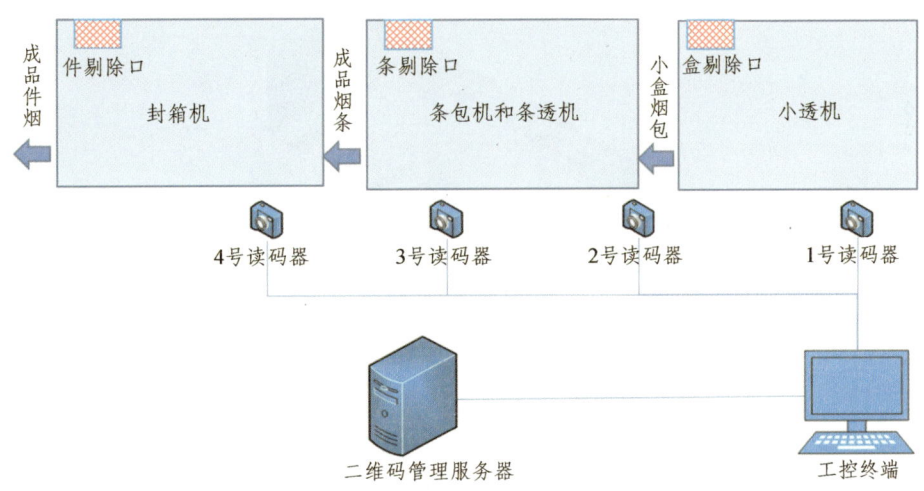

图 4.91　盒条件在线关联系统结构

根据包装机组结构及运行原理，在小透机入口、条包机入口、条盒赋码工位、件箱赋码工位分别安装 1 个工业读码器，通过 4 个读码器 4 次读码实现盒条件二维码自动准确高效关联。1 号读码器用于验码，小盒烟包在进入小盒透明包装机前采用单个读码器对烟包逐盒读码；2号读码器用于小盒关联读码，5个小盒叠包完成、被推入烟条成型仓前，采用单个读码器对堆叠的5包小盒二维码一次性读取（见图4.92）；3号读码器用于关联条盒读码，4号读码器用于件箱关联读码，在封箱机缓冲通道内每5个条包进行一次读码（见图4.93）。系统在获得10包小盒二维码信息后会自动将这10包小盒的二维码与一个条盒二维码关联，

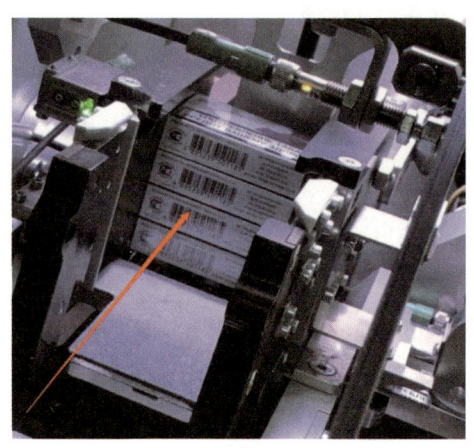

图4.92　小盒关联读码工位

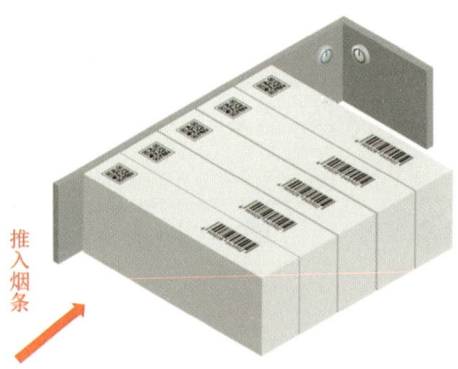

图4.93　件关联批量扫码示意

第5章 积极应对国际竞争的中式加热卷烟

回顾中国烟草发展历程,正是烟草行业实施了发展中式卷烟战略,打造并培育了强大的民族卷烟品牌,形成具有中国风格特色、适合中国消费者的中式卷烟产品,构建起中国烟草坚固的市场壁垒,打造出中国烟草强大的核心竞争力。在"统一领导、垂直管理、专卖专营"的体制优势下,在"国家利益至上、消费者利益至上"的根本宗旨指引下,成功维护了占全球烟草市场50%份额地位,维护了烟农利益,维护了消费者利益,维护了行业利益,维护了国家利益。为积极应对国际市场竞争,本章节结合中式卷烟成功的历史经验,在对加热卷烟理解和认知的基础上,进一步提出中式加热卷烟概念,提出中式加热卷烟产品和产线初步概念性方案。

5.1 中式加热卷烟的提出——总结中式卷烟成功的历史经验,发展中式加热卷烟,积极应对国际竞争

5.1.1 世界卫生组织:新型烟草已对全球控烟形成新的威胁

今天的国际烟草市场,在控烟履约、市场萎缩、生存空间变窄的负面环境下,国际烟草巨头通过降焦减害等烟草制品已无法继续维持市场份额,转而通过新型烟草赛道,投入巨资布局非燃烧烟草制品,快速推动着尼古丁制品的产品和技术革新,以"无烟未来""更好的明天"和"超越尼古丁"等健康概念引导消费转型,不断实现烟民从传统卷烟到新型烟草的转化,在继续巩固传统卷烟市场份额基础上,不断开发新的烟民群体,引导消费转型。

世界卫生组织在2020年发布的《加热烟草制品简报》和2021年发布的《2021年世卫组织全球烟草流行报告:应对新兴产品》等报告中旗帜鲜明地认为电子烟(电子尼古丁传送系统)、加热烟草制品和尼古丁袋等其他新兴制品对烟草控制构成了新的威胁。

5.1.2 国际烟草市场已出现传统烟草向新型烟草转型的分水岭

以加热卷烟、电子雾化烟为主要形态的新型烟草制品，现阶段产品机理均是通过气溶胶介质实现尼古丁的传递，模拟传统卷烟的抽吸感受，实现消费者尼古丁摄入满足需求，降低吸烟者和二手烟受害者面对的危害物和潜在危害物风险，解决吸烟有害健康的痛点。

技术层面，在产品转型的战略定位下，加热卷烟的烟具和烟支的技术迭代周期越来越短，加热卷烟感官体验越来越接近传统卷烟；电子雾化烟的雾化技术从超声波、玻璃纤维、棉芯发展到口感越来越细腻，尼古丁吸收比例越来越高的新技术。在雾化技术的突破下，雾化产品将不仅仅只是尼古丁制品，其他成瘾性物质或药物的雾化产品范围将越来越广。

市场层面，全球卷烟市场容量约 9 000 万箱，约 4 500 万箱规模的国际市场上，菲莫国际、英美国际、日本烟草等主要公司的传统卷烟出货量均在下行。下行趋势下，一方面是通过生产力布局调整，集中到成本和税收较低的国家生产卷烟；另一方面，通过新型烟草较低的税收和更高的利润空间来寻求新的增长极，实现净收入的增长和长远发展。国际烟草市场已呈现传统烟草向新型烟草转型的分水岭，技术的高速发展正在推动着尼古丁制品从可燃卷烟向新的尼古丁制品或其他形态制品转变。

5.1.3 总结历史，借鉴中式卷烟发展民族品牌，发展中式加热卷烟

2017 年 7 月，国家烟草专卖局明确将加热卷烟视同卷烟，纳入专卖管理，依法打击加热不燃烧卷烟非法经营活动。2021 年 11 月 10 日，国务院公布《国务院关于修改＜中华人民共和国烟草专卖法实施条例＞的决定》国务院令，增加第六十五条："电子烟等新型烟草制品参照本条例卷烟的有关规定执行"；2022 年 5 月 1 日，电子烟管理办法正式生效；10 月 1 日，电子烟国标生效，野蛮生长的电子烟产业进入了监管法治化强监管时代。在全面依法治国，保护未成年人免受烟草侵害"守护成长"专项行动，电子烟、本草烟弹、茶烟等非法烟草制品全面监管，行业"国家利益至上、消费者利益至上"根本宗旨有了强有力法律保障环境下，行业高质量发展为我们赢得了更多的时间去未雨绸缪，谋划未来的烟草制品产品和技术革新，做好技术储备和产品储备，积极应对来自家门口野蛮人的竞争。

5.2 中式加热卷烟定位——传承中式卷烟独有的吸味风格特色、低毒低害特色，定位中式清香型加热卷烟

目前，中烟公司国际市场销售的加热卷烟产品，在西方严密的专利体系布局和壁垒设置下，缺乏自主创新的跟随产品很容易陷入知识产权诉讼纠纷。中式加热卷烟必须走出具有中国烟草独有特色和自主知识产权的路线，传承中式卷烟独有的吸味风格特色、低毒低害特色。总结中式卷烟的成功经验，中式清香型加热卷烟应该具有以下特征：

1. 能够持续满足卷烟消费者需求

中国广大卷烟消费者消费需求的满足是上百年来历史传统、风物习俗、人文环境、对品牌的风格特征的依赖等综合因素积淀的结果。同时，还应具有鲜明的时代特征，能够不断适应动态的买方市场、国际化市场竞争的变化，与时俱进，持续满足消费者的显在和潜在需求。

2. 中式烤烟型占主导地位，具有独特的香气风格和口味特征

以国内烟叶为主体原料，具有明显的中国烤烟烟叶香气特征，在香气风格和口味特征上与国际主流产品人工风味特征不同，吸味特征以清香型、清甜香为主，具有明显的、浓郁的中国烟叶烟气风格，具有适应中国消费者习惯特征的加热卷烟，能使消费者在评吸第一反应中分辨出来。

3. 拥有自主核心技术

自主核心技术包括烟叶原料的生产和选用、叶组配方、加工工艺、烟支结构、加热技术、烟具设计、烟支与烟具的匹配、中草药及其提取液的添加、降焦减害等方面的内容。

5.3 中式清香型加热卷烟初步设计方案

按第一性原理，跳出现有中心加热、周向加热烟支结构、吸味特征、气溶胶通道、加热技术、烟具结构等现有产品设计，基于中式清香、清甜香产品风格特色，进行烟叶原料优选、叶组配方、香精香料配方设计；采用与国际主流产品完全不同的气溶胶通道进行烟支结构设计和设备实现技术路线选择，基于烟支结构和创新加热技术进行烟具设计，开发出感官评吸一致性最优、烟具加热温控曲线与烟弹感官质量完全匹配

合一的烟具。

根据中式加热卷烟的特征定位，借鉴中式卷烟风格特征，在产品风格特色方面以清香、清甜香风格为主导开发设计中式加热卷烟，围绕叶组配方、香精香料配方两个方面开展研究。

5.3.1 叶组配方设计

1. 烟叶原料优选

第一步，从原料库（见表5.1）筛选单体烟叶，完成小样制备、常规化学检测及感官评价工作（见表5.2、图5.1），开展中心加热卷烟配方设计，通过感官质量评价对原料进行分类，实现1~2个叶组配方产品转化，转化产品须有效改善烟草味产品回甜感和轻松感，提高非烟产品烟草本香和满足感。

表5.1 烟叶原料信息筛选表（示例）

编号	烟叶原料信息
1	烤烟-1/云南文山
2	烤烟-2/云南大理
3	烤烟-3/玉溪
4	烤烟-4/云南保山
5	烤烟-5/昆明2
6	烤烟-6/云南临沧
7	烤烟-7/昆明
8	烤烟-8/云南德宏
9	烤烟-9/云南文山
10	烤烟-10/云南德宏
11	烤烟-11/昆明
12	烤烟-12/玉溪
13	烤烟-13/云南德宏
14	白肋烟-1/国外
15	白肋烟-2/国外
16	白肋烟-3/国外

续表

编号	烟叶原料信息
17	晒黄-1/云南德宏
18	香料烟-1/土耳其
19	香料烟-2/土耳其
20	香料烟/云南
21	香料烟/云南

表5.2 单体原料筛选感官评吸示例

序号	年份	类型	清香	焦香	甜香	干草香	坚果香	木香	酸香	辛香	药草香	花香	奶香	其他	香气量	香气质	浓度	刺激性	劲头	杂气	干净度	津润感	合计	感官描述	建议用途		
1	201_年	烤烟云南文山K320 C4F																							香气量充足，香气质细腻愉悦，显清香韵，香气干净，有生津感	主体烟叶	协调香味	调浓度和劲头
2	201_年	烤烟云南保山云系列WCCSF																							清甜韵调显著，香气飘逸顺滑，细腻柔和，劲头适中，余味舒适，无负面气息	主体烟叶	协调香味	调浓度和劲头

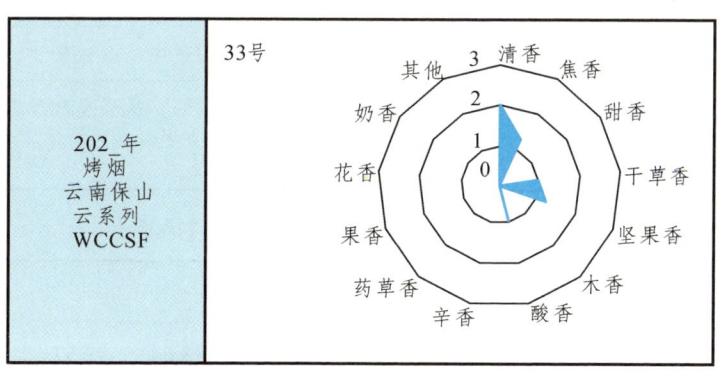

图5.1 感官评吸维度示意

第二步，在叶组配方优选定型下，通过传统卷烟制丝工艺替代薄片芯基材工艺，重点围绕定长定宽切丝、发烟剂和香糖料在线添加、卷制工艺、烟具加热技术匹配的技术突破，采用现有传统卷烟工艺和设备，进一步提高清香风格特征，降低原料成本。

2. 单料烟感官适用性评价

组织感官评吸，对单体烟烟弹的香气香味、浓度、劲头、干净度、刺激性、津润感、合计6个指标进行评价打分，如表5.3～表5.5所示。加热卷烟感官质量记分采用百分制，每个指标达到相应要求时，按照评分标准对试样各单项计分，各项指标均以0.5分为记分单位。

表 5.3　加热卷烟样品感官评吸得分（示例）

样品编号	香气量	香气质	浓度	刺激性	劲头	杂气	干净度	津润感	合计得分
1	13.36	17.00	3.93	8.86	8.86	13.93	14.00	4.50	84.43
2	12.67	15.92	3.50	8.30	7.70	12.92	13.00	3.92	77.92
3	13.63	16.75	3.88	7.88	8.38	13.50	13.63	3.38	81.00
4	13.26	16.47	3.53	8.03	7.70	13.42	13.40	3.31	79.12
5	13.20	17.30	4.80	8.60	8.30	13.90	13.80	4.10	84.00

表 5.4　加热卷烟样品感官评吸描述结果（示例）

样品编号	感官评价描述
1	香气量充足，香气质细腻愉悦，显清香韵，香气干净，有生津感
2	清甜香较好，香气质较好，细腻度较好，浓度适中
3	劲头足，清甜韵调明显，成团性较好，香气质细腻，稍有收敛
4	清甜韵调显著，香气飘逸顺滑，细腻柔和，劲头适中，余味舒适，无负面气息
5	头香较显，清甜韵较显，香气较正，干净程度较好，饱满度和厚实感一般
6	清甜韵调为主，香气丰富，自然感好

表 5.5　加热卷烟烟叶原料感官评吸描述性统计结果（示例）

描述性统计	香气量	香气质	浓度	刺激性	劲头	杂气	干净度	津润感	总分
最大值	13.67	17.71	3.79	8.64	7.86	13.64	13.57	4.00	82.88
最小值	12.14	15.92	3.50	8.30	7.70	12.92	13.00	3.92	77.92
平均值	13.24	17.04	3.85	8.53	8.19	13.44	13.49	3.75	81.53

续表

描述性统计	香气量	香气质	浓度	刺激性	劲头	杂气	干净度	津润感	总分
极差	1.53	1.79	0.29	0.34	0.16	0.72	0.57	0.08	4.96
标准差	0.36	0.48	0.26	0.58	0.41	0.43	0.30	0.31	2.09
变异系数/%	2.7	2.8	6.8	6.8	5.0	3.2	2.2	8.3	2.6
峰度系数	2.97	0.54	7.86	1.24	-0.87	0.30	-0.56	0.21	-0.61
偏度系数	-1.42	-0.96	2.30	1.44	0.20	-0.76	-0.15	0.22	0.27

3. 烟叶原料分类

1）功能性评价分类

制备单料烟（不添加香精模块）进行感官质量评价，按主体烟叶、协调香味烟叶、协调劲头和浓度烟叶、填充烟叶进行分类，如表 5.6 所示。

表 5.6 原料功能性评价分类（示例）

编号	主体烟叶	协调香味	协调浓度和劲头
1	★	★	★
2	★		
3	★		
4	★	★	
5		★	
6	★	★	
7		★	
8	★		
9			★

2）香韵评价分类

从风格特征角度按清甜韵调、焦烤韵调、晾晒烟模块三大模块进行烟叶原料分类，如表 5.7 所示。

表 5.7 香韵评价分类（示例）

分类	样品编号
清甜韵调	1、2、3、4、5、6、7
焦烤韵调	8、9、10、11、12、13
白肋烟	14、15、16
晾晒烟及香料烟	18、19、20、21

4. 叶组配方设计

组配出一定数量的叶组配方进行小试，经过评估优化，形成定型叶组配方如表 5.8 所示。评价标准：烟雾量适中，特征香明显，清香为主，香气丰富性较好，劲头适中，协调一致，烟气形态较好，刺激性适中，口感干净舒适。

表 5.8 定型配方（示例）

定型配方1	序 号	原料信息	占比/%	类别占比/%
叶组配方	1	1	25	55
	2	4	10	
	3	5	15	
	4	6	5	
	5	9	15	25
	6	12	10	
	7	18	10	20
	8	19	10	

5.3.2 香精香料配方设计

根据产品风格特色强化需求，自主设计 10 个香精配方进行小试，经评估优化，形成适配性香精配方如表 5.9 所示，评价标准如下：烟雾量适中，特征香明显，清香为主，香气饱满，丰富性好，劲头充足，有生津感，口感较好。

表 5.9　香精配方（示例）

香料增香提浓添加3%		
序号	原料名称	比例 /%
1	晒黄烟浸膏	5 ~ 10
2	烟草浸膏	40 ~ 50
3	白肋烟浸膏	4 ~ 9
4	PG	12 ~ 32

5.4　中式清香型加热卷烟烟气常规化学及有害与潜在有害成分分析

进行定型小试样烟气指标和化学成分分析并出具分析结果，采用与定型小试样相匹配的烟具进行测试。为了更好地阐述定型卷烟释放物中的有害成分和潜在有害成分的释放量水平，需与传统卷烟和国际主流加热产品，如菲莫国际、英美烟草、日烟国际最新产品参比卷烟在 HCI 模式释放物中烟气成分的释放量，结果需能表明：

（1）定型加热卷烟烟气中有害成分的种类相对于传统卷烟烟气检出成分含量平均降低比例。

（2）相对于国际最新加热卷烟产品释放物的有害成分种类和含量对比情况。

（3）主流烟气中世界卫生组织烟草产品监管小组规定的 9 种优先有害成分和美国 FDA 的 HPHC 名单中的 18 种成分释放水平对比，所有有害成分的释放水平降低情况。

（4）侧流烟气含量低，基本无二手烟，基本无有害成分。

5.5　中式清香型加热卷烟的烟支结构设计示例——自然烟气加热卷烟（NSC）

为实现从跟随到自主创新的转变，只有完全跳出现有烟支结构和设备加工工艺，独立另辟蹊径，走出一条全新的设计道路并进行系统而周密的知识产权布局，方能实现行业所要求的"务必坚守核心专利不侵权一条底线"政策要求，才能谋划中式加热卷烟的核心竞争力和技术壁垒。

5.5.1 自然烟气加热卷烟（NSC）原理

NSC 自然烟气加热卷烟概念、烟支结构设计现已在"原理—技术—产品—消费者体验"链上布局了 100 多项专利、商标、域名等，核心的知识产权牢牢地掌握在烟草行业内部，如图 5.2 所示。

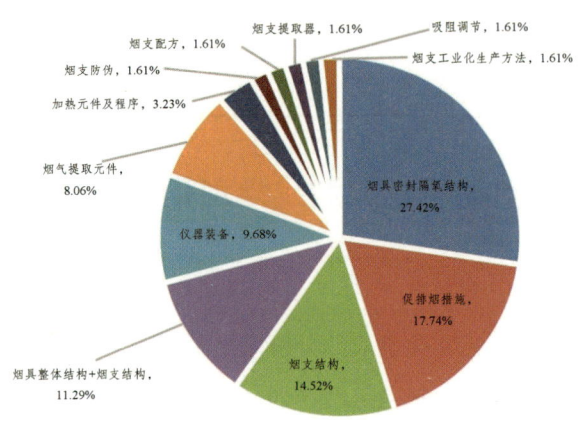

图 5.2　NSC 自然烟气专利布局

国际上主流加热卷烟均是以降低温度达到不燃烧的目的，NSC 自然烟气加热卷烟另辟蹊径（见图 5.3），从调控助燃剂（氧气）含量进行破局，创建烟草在低氧环境以及密闭环境下的烟气提取，通过烟支和（或）烟具密封使空气不流经烟草段，实现烟草无氧或低氧反应与烟气传递这两个过程分离，同时将流体力学与烟草释放动力学相结合，利用气流通道的设计对生成烟气进行提取，形成主流烟气（见图 5.4）。NSC 自然烟气加热卷烟技术原理与 HNB 有着本质区别，专利优势明显，无降温材料，烟支结构简化，无对流换热，烟草基质配方选择多样化，烟气传输模型简化。

根据以上特性，自然烟气加热卷烟（NSCs）烟支结构具备以下优点：

（1）NSC 气溶胶通道机理、烟支结构、烟具设计与国际主流产品有明确的技术区别，具有自主知识产权，可形成中国烟草自己的技术体系。

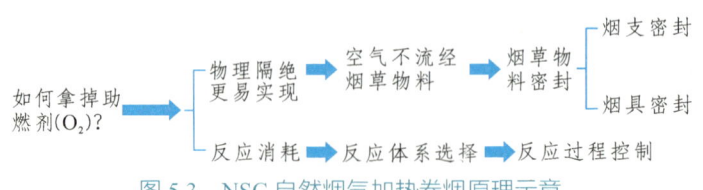

图 5.3　NSC 自然烟气加热卷烟原理示意

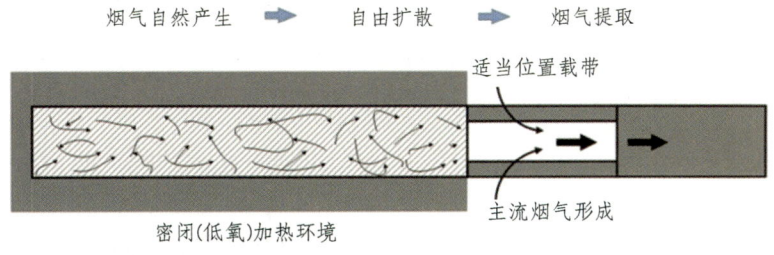

图 5.4　NSC 自然烟气加热卷烟烟支结构和烟气提取示意

（2）感官评吸质量和消费者体验较好。

（3）现有薄片工艺、卷包工艺可复制、可推广，已完全具备产业化规模生产条件。

在现有卷烟生产技术下，若要实现自然烟气加热卷烟（NSCs）制备，需对以下关键技术开展重点攻关工作：

（1）稠浆法薄片线厚度均匀性和发烟剂涂布精度控制问题。

（2）NSC 抽吸第一口烟气提取温度较高和烟碱释放一致性问题，需实现烟弹与烟具的完美匹配。

5.5.2　中式清香型加热卷烟设计方案

1. 中式清香型加热卷烟烟支结构方案

加热卷烟的本质是通过加热烟草薄片带出气溶胶、尼古丁和香精香料，为此，需单独进行薄片芯基材生产而且要保障发烟剂涂布的厚度与均匀性，烟支结构设计必须考虑气溶胶和尼古丁烟气提取能够模拟传统卷烟抽吸。为此，不论是四段式还是三段式结构，均要考虑薄片的有序排列、烟气抽取通道和降温通道。目前，主流产品包括跟随产品复杂的薄片工艺、基棒和烟支成型工艺、包装工艺，导致加热卷烟产线设备与传统卷烟完全不同，产能的建立和扩张一方面造成原有设备的浪费或巨大的改造投入，另外一方面，形成了巨大的新设备投资，不具备产品变革或规格调整的灵活性与柔性。

应用第一性原理，回溯事物的本质，而不是应用比较思维跟随发展。传统卷烟与加热卷烟都是形成主流烟气带出尼古丁，抽吸的形式和感官体验是一致的。按卷烟主流烟气的本质，将加热卷烟回归到尼古丁递送的第一本质，抓住主要矛盾和矛盾的主要方面，完全跳出国际主流产品结构的固化思维，基于工艺最简、成本最低、柔性最大提出与传统卷烟一致的加热卷烟结构和设备实现手段。

采用制丝工艺在线施加发烟剂，一定发烟剂截留比例的烟丝通过卷接工艺实现加热卷烟生产。烟支规格设计：在 15～20 mm 单倍长烟条长度即可满足 12 口以上抽吸口数的特点下，烟支总长度 45～50 mm，滤棒采用二元复合或三元复合滤棒，滤棒长度建议 30 mm，如图 5.5 所示。

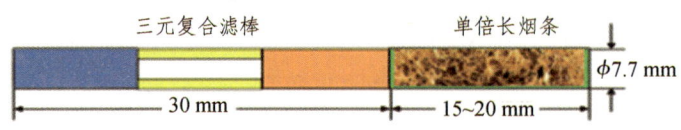

图 5.5　与传统卷烟结构一致的加热卷烟烟支结构示意

基于以上结构设计，使得基于传统卷烟结构的加热卷烟烟支结构具备以下优点：

（1）完全不受现行任何专利的限制。

（2）现有制丝、卷包工艺设备与加热卷烟能有效对接，可共线生产。

（3）在保障产能效率的同时，可降低投资和制造成本。

根据设计方案，采用传统卷烟结构设计自然烟气加热卷烟需解决的关键技术包括：

（1）纯烟丝代替薄片作为加热卷烟原料需解决的木质气等杂气对主流烟气的干扰。

（2）烟丝填充率、烟支中心重量、紧头填充率与和工艺指标（吸阻、空头、重量、烟气量、烟碱递送、传热性能等）最佳匹配问题。

（3）烟丝发烟剂施加均匀性、低温烘丝。

（4）卷烟机供丝机构上丝均匀性、造碎、接团、缠绕等关键技术；

（5）丝素规在选择上，同时满足感官质量要求和烟气温度对丝素结晶的矛盾。

（6）实现较低温度加热且实现发烟剂、烟碱高效提取一致性的烟具开发。

（7）可采用烟芯棒居中进行接装的反搓工艺实现高速生产。

2. 中式清香型加热卷烟制丝工艺技术方案

基于与传统卷烟结构完全一致的加热卷烟不燃烧的特性，结合传统制丝切丝、加香加料、烘丝和工艺流程，进行适配传统卷烟工艺的加热卷烟烟丝理化指标设计和验证，进行不同定量、变量和加工参数下烟支理化指标和感官评吸指标符合性研究，重点为烟支烟气、烟碱释放量、传热模型、甘油转移效率和烟丝工艺指标的交互研究。通过手工打样、设备小试、中式等 PDCA 循环，建立可实现加热卷烟烟丝生产的制丝工艺标准。

1）烟丝数量与芯基材幅宽和切丝长度、宽度的设计

烟支克重参照完全有序排列加热卷烟的单支克重和填充密度等进行纯无序烟丝定量

模型设计。

$$烟支克重 = 烟丝数目 \times 烟丝长度 \times 烟丝宽度 \times 烟丝克重$$

2）烟支填充密度与基材物理指标设计

填充密度对纯丝结构加热卷烟的理化指标性能和感官评吸有着关键影响，与甘油的传递效果密切关联，烟丝的长度和宽度以及长丝率对烟条成型质量、端部落丝量、中心重量有着关键的影响。

$$填充密度 = \frac{烟丝数目 \times 烟丝长度 \times 烟丝宽度 \times 烟丝克重}{烟支体积}$$

3）加热卷烟烟丝与烟支理化指标验证研究

通过实验放样、发烟剂涂布、烟支制样进行原理性实验，确定叶组配方和切丝长度、宽度，感官评吸后 PDCA 确定小试指标，在最小化设备改造基础上，进行小试和烟丝、烟支理化指标验证研究，开展设备保障性和设备适应性研究和 PDCA 改进。

进行填充密度和烟丝数目与压降之间的 K 值分析，根据传统卷烟吸阻与填充密度成线性正比关系（见图 5.6）的理论研究结果，进行纯丝结构加热卷烟的线性排列烟丝切丝宽度、长度对应的填充率与吸阻是否成线性关系验证研究，建立纯丝物理尺寸与吸阻之间相互关系的数学模型，研究线性比例和修正 K 值，为定型产品的吸阻标准提供科学合理的数学模型。

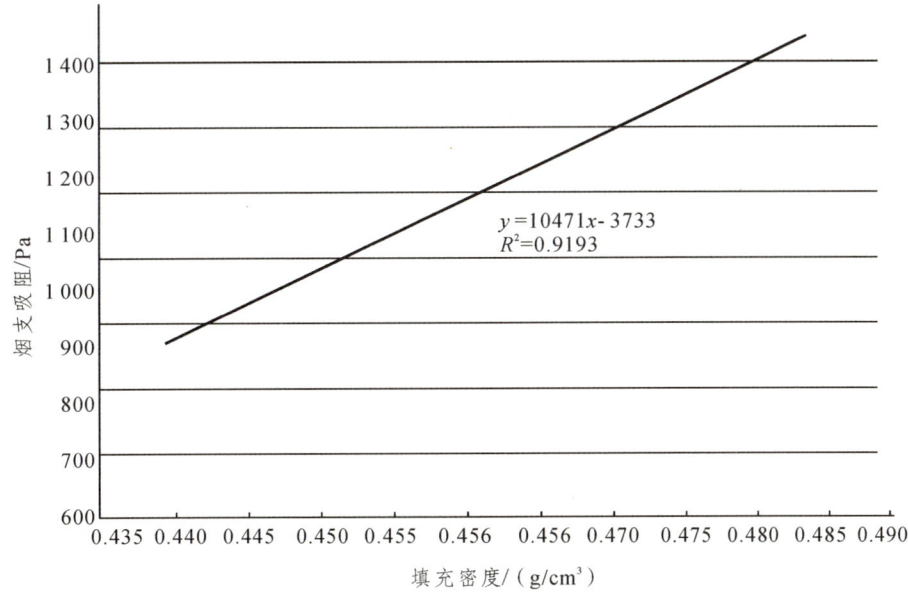

图 5.6　纯丝加热卷烟填充率与烟支吸阻关系示意

3. 制丝关键工艺设备保障方案

利用现有制丝生产线，采用传统卷烟工艺设备，重点围绕定长定宽切丝、发烟剂施加、加香加料和低温烘丝等进行适配性研究，按 PDCA 循环进行优化改进，最终形成规模化生产制丝工艺标准、过程控制水平参数标准和设备技术标准。初步工序流程概念如图 5.7 所示。

备料 → 切丝 → 丝回潮加发烟剂 → 烘丝 → 强制冷却/柔性风选 → 混合加香 → 贮丝 → 风送/箱式送丝

图 5.7 纯丝结构加热卷烟制丝工序概念示意

切丝后采用现有叶丝回潮设备，增加发烟剂加料装置，调制水分，提高耐加工性。在烘丝前进行加香，提高加香均匀性。利用现有薄板烘丝机，优化参数进行低温柔性烘丝，保证在脱水过程中烟丝的结构不受破坏。强制冷却/柔性风选环节对烟丝进行快速定型，减少薄片丝的屈曲形变，剔除结团纤维。加香环节对烟丝补充特征香和烘丝工序的香料损失。最后进行储丝和风送，进入下一个工序。整个过程解决切丝后到送丝前相关工艺造成的烟丝屈曲，同时调整烟丝的水分并按照产品需求为烟丝加香。

利用传统卷烟加香滚筒和加料滚筒实现加热卷烟烟丝在线加香加料。基于加热卷烟大比例加香加料的特性和发烟剂黏稠度较高的特性，充分考虑烟丝切丝后形状经过加香加料滚筒后要保持形变最小，加香加料比例在满足产品烟气、烟碱和味感释放的感官评吸质量前提下，需避免烟丝条相互缠绕结团影响卷制工序和最终产品质量。基于工艺的特殊要求，在现有加料机中增加一组负压引射喷嘴，利用现有加香机增加一套加香加料系统，按不同物料流量进行加料、加香均匀性和烟丝形变研究，进行不同定量薄片加香加料研究。

4. 卷接关键工艺和设备保障方案

烟支卷制完全采用现有卷接机组进行实验，烟支卷制质量的重点在于高密度、高黏度的加热卷烟烟丝的成型，重点围绕上丝均匀性、吸风室入口堵塞和消除烟丝在运动过程中的造碎、结团和缠绕进行供丝机优化，针对不同加热卷烟单支目标重量设计值进行烟丝多余量控制和重量控制改造和调整；采用 PROTOS 蜘蛛手结构进行 15～30 mm 超短烟支内角交接，设计合理的卷烟机线速度与接装机烟支时钟脉冲同步；采用反搓接装工艺实现加热卷烟 8 000～10 000 支/min 高速生产；包装方式前期采用手工包装，产品定型后建议采用保润包装方式，可利用现有设备进行规格改造实现。

参考文献

[1] 袁保证. 浅谈我国复合滤棒成型设备现状与发展 [J]. 中国新技术新产品，2013，22：143.

[2] 刘立全，李维娜，王月侠，等. 特殊滤嘴研究进展 [J]. 烟草科技，2004（3）：17-24.

[3] 贾会志. ZJ17 卷接机组培训教材 - 机械维修［M］. 郑州：河南人民出版社，2010.

[4] 汤建国，等. 新型烟草制品［M］. 成都：四川科学技术出版社，2020.

[5] 康瑛. 几种适用于超高速卷烟生产线的卷烟储存输送系统 [J]. 烟草科技，2002（3）：26-29.

[6] 窦武阳，秦得超. 加热不燃烧卷烟用基棒制备方法 [J]. 中国新技术新产品，2022（18）：54-56.

[7] 潘恒乐，王俊，刘文胜，等. ZJ116B型卷接机组烟支搓接装置的改进 [J]. 烟草科技，2022，55（4）：85-88.

[8] 董李钰靓，张利宏，沈宇航，等. 包装机组产品二维码信息精准关联系统的设计 [J]. 烟草科技，2020，53（8）：93-99.

[9] 潘永华，窦剑峰，韩金江，等. 四元复合加热不燃烧卷烟水松纸搓接装置控制系统研究 [J]. 中国设备工程，2019（19）：196-198.

[10] 姜宇. 双铝包内框纸组件的变换设计 [J]. 机械工程师，2017（3）：64-65.

[11] 郑州烟草研究院. 自然烟气产品（Natural Smoke Cigarette）的创新与未来——烟草工艺"冬至学术论坛"在郑州召开 [J]. 中国烟草学报，2020，26（6）：封2.

[12] 和平，等. FOCKE 包装机组 [M]. 昆明：云南科技出版社，2000.

[13] 董祥云. YJ17-YJ27 卷接机组 [M]. 北京：中国科学技术出版社，2001.